JN308583

脳と性

下河内 稔 著

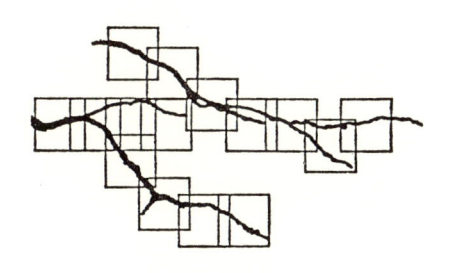

朝倉書店

はじめに

　われわれ人類は，男性と女性とが協力して生活を営むとともに，両性成人による有性生殖によって子孫を増やし育ててきたために，今日まで繁栄を続けている．

　あらゆる生物は，自己と同じ形質をもつ子孫を生みだす方法を備えている．しかしながら，微生物のように体細胞を分裂させて個体を増やす生物は，突然変異が起こらない限り，すべての個体が同じ形質をもつことになるから，ひとたび環境が悪化すれば全滅する危険性があった．

　性とは，本来，このような危険性に対する自衛手段として進化してきた生物現象である．無性生殖では，増殖という点から見れば最も合理的な分裂という手段をたとえ犠牲にしても，接合という手段によって通常の個体と形質が少しでも異なるものを生みだそうとしたが，有性生殖では体細胞とは別に性細胞を分化させ，雌雄の遺伝形質を交換できる道を開いたから，よりよい形質をもつ個体の創造と増殖が二つとも可能になった．それゆえ，たとえ劣悪な環境変化が生じても，どれかの個体が生存の機会をもてるという利点を獲得したのである．ただし，分裂とは異なり，有性生殖では二つの性が存在しただけでは生殖は成立せず，両性の出会いと結合を必要とする．したがって，出会いと結合までに至るパートナーの探索，認知，求愛行動，さらには出産後の養育行動なども性行動に含まれるようになったので，これらの行動を統御する脳機能も種の保存に不可欠となった．

　動物が高等になるにつれて，性行動は脳の支配をより強くうける．人類では，特に大脳皮質の働きに大きく依存し，性行動の形成に，心理的，社会的影響が色濃く影をおとしているので，その本質の研究には，多くの困難を伴うが，動物に認められる共通の性の機序を知ることは，人類の性を理解するうえ

で大きな助けとなろう．

　動物は種によって異なった生活環境で生息しているが，単独で生活することはない．常に群れの中で生活し，他個体を意識しながら日々行動している．著者は個体間のこのようなダイナミックな社会的相互作用にどのような神経機構がかかわっているかに興味をもち，その単純なモデルとして雌雄を必要とする交尾行動や親と仔を必要とする養育行動をえらび，共同研究者とともに約15年間これらの行動中の脳波やニューロン活動をラットの大脳の諸部位から記録してきた．

　本書の後半部にこれらのデータの一部を紹介し，実験結果と内外のこれまでの知見とを重ねて考察したが，これまであまり報告のないニューロン活動という切り口から，内側視索前野をキーステーションとする性行動の中枢機序を著者の停年の時期にまとめることができたのは大きな喜びである．当該研究の遂行にあたっては，新設の文科系学部というハンディにもめげず，投石保広講師をはじめ多数の教室員の協力を得た．特に日夜黙々と実験を進めてくれた山口勝機氏（現鹿児島大学助教授），花田百造氏（現法務省矯正局），堀尾強博士（現甲子園大学助教授），志村剛博士には感謝のほかはない．また志村博士には本書の出版にあたり，これまでの実験成績と文献のとりまとめに終始ご協力をいただき，特別の謝意を表したい．

　最後に，本書を脳の科学シリーズの一冊として企画され，最後まで著者を励まし続けて発刊にまでこぎつけて下さった朝倉書店に心から感謝の意を表する次第である．

　　1992年9月

　　　　　　　　　　　　　　　　　　　　　　　　　下河内　稔

目　次

1. 性 ··· 1
   1.1 性とは何か ··· 1
   1.2 遺伝による性 ··· 5
   1.3 性　分　化 ··· 7
   1.4 性の発達と成熟 ·· 15
   1.5 性と社会 ·· 18
   1.6 性と加齢 ·· 21

2. 脳の性分化 ··· 23
   2.1 脳構造の性的二型 ·· 23
   2.2 ラット脳の性分化と臨界期 ···································· 25
   2.3 家畜に見られる脳の性分化 ···································· 26
   2.4 雄型脳と雌型脳の形態的相違 ·································· 28
   2.5 脳波と誘発電位の性差 ·· 35

3. 性行動の特徴 ··· 37
   3.1 昆虫の配偶行動 ·· 37
   3.2 鳥類の配偶行動 ·· 38
   3.3 哺乳類の生殖行動 ·· 38

4. ホルモンと生殖 ··· 47
   4.1 ホ ル モ ン ··· 47
   4.2 中枢神経系と下垂体 ·· 49

目次

- 4.3 生殖系に対するホルモン作用 …………………………… 49
- 4.4 生殖リズムとホルモン ……………………………………… 51
- 4.5 月経周期とホルモン ………………………………………… 52
- 4.6 排卵の神経内分泌機序 ……………………………………… 53

5. 性行動とステロイドホルモン……………………………………55
   - 5.1 ステロイドホルモンの作用機序 ………………………… 55
   - 5.2 脳内ステロイドホルモン受容体 ………………………… 56
   - 5.3 テストステロンの芳香族化 ……………………………… 58
   - 5.4 ホルモンの性行動誘発機構 ……………………………… 60

6. 性行動に及ぼす神経化学物質……………………………………66
   - 6.1 雌型性行動への影響 ……………………………………… 66
   - 6.2 雄型性行動への影響 ……………………………………… 71
   - 6.3 神経伝達に及ぼす性ホルモンの影響 …………………… 76

7. 性行動の神経機構…………………………………………………79
   - 7.1 性行動誘発刺激 …………………………………………… 79
   - 7.2 性行動の運動機序 ………………………………………… 83
   - 7.3 雌型性行動の中枢機序 …………………………………… 87
   - 7.4 雄型性行動の中枢機序 …………………………………… 98

8. 性行動に及ぼす外部的諸要因…………………………………120
   - 8.1 初期経験 …………………………………………………… 120
   - 8.2 発情,非発情の認知 ……………………………………… 121

9. 養育行動…………………………………………………………124
   - 9.1 養育行動 …………………………………………………… 124

9.2	養育行動に関与する要因	126
9.3	養育行動と中枢神経機序	128
9.4	養育行動時のニューロン活動	145
9.5	養育行動と神経化学物質	152

文　　献 …………………………………………………… 159
索　　引 …………………………………………………… 204

1. 性

1.1 性とは何か

性(sex)とは男と女の，また雄と雌との区別をいう．sex は分けるという意味の secāre に由来する古い言葉 secus から生じた．性は本来，男と女を分けるという意味の言葉らしい．男女を分けるという性の意味は，人間や高等動物ではさほど問題はないが，下等な生物ではそれほど簡単ではない．一つの個体で雌雄両方の生殖器官をもつ雌雄同体の生物もあるからである．細胞が集まって組織や器官をつくり，組織や器官が集まって個体をつくるという生体構築の階層構造を考えてみると，性の違いは下等な生物では生殖細胞にしか見られないが，高等になるにつれて生殖器官に違いが現れ，さらには生殖器官をつくる個体にまで及ぶ．つまり，生物の進化により，性の違いが下部構造から上部の構造に波及してゆくように見える．樋渡(1986)はゾウリムシの研究を通じて，"性とは何か"，"性という存在はどういう意味をもっているのか"という問いかけに対して，性とは"遺伝的組みかえ"と"細胞接着"であると述べている．"細胞接着を介して遺伝的組みかえを行うためのしくみ"を性の定義とすると，卵や精子をつくる生物だけでなく，減数分裂をもたないバクテリアも，接合型の多い繊虫類やキノコもみな性をもっていることになる．

a. 単細胞生物の性

ゾウリムシ，大腸菌のような単細胞生物でも，生活史の中で2個の細胞が接合し，核の合体や交換の起こる場合がある．この際，接合する細胞には特定の

組み合わせがあり，どの細胞でも接合できるのではない．すなわち性の分化がある．多くの場合，外見上では区別できないが，運動性に違いがあれば，大きくて動きの鈍いものは雌，小さくてよく動く方を雄という．

b. 多細胞生物の性

多くの生物では生殖細胞に二型があり，一つは細胞質に富む比較的大きな細胞で，運動性に乏しい．これを雌生殖細胞（または卵）という．もう一つの生殖細胞は小型で細胞質に乏しく，多くは鞭毛をもち，活発に運動する．これを雄生殖細胞または精子という．卵をつくる性質をもつものを雌とよび，精子をつくる性質をもつものを雄という．しかし，1個体の中で卵と精子がつくられる種類も多く，個体の性としては雌雄同体という．吸虫，ミミズ，カタツムリ，ある種のホヤなどがその例である．個体の性が分離している場合を雌雄異体という．雄と雌とは非常にかけ離れたというよりは，両方の形質が1個体内に同居していて，その量に違いがあるだけのことが多く，動物には雄にも雌の形質と考えられる乳腺がある．

c. ジェンダー

ジェンダー（gender）は性または性差と訳されてはいるが，文化の影響をうけた人間における男女のふるまいの差異を意味する．したがって性自認とは自分を男または女として自覚することであり，性役割とは男または女としての認識を公に表現することである．この意味での人間の性意識については古代から種種の変遷があり，現代のように性の解放が進むまでに至っているが，性が科学の対象となったのは1500年以降と思われる．フロイトは，幼児にも性欲があり，口唇期，肛門期，男根期，性器期などの段階を通って性的に発達するという精神分析学説を唱えた．一方，1900年代に入ると，人間の性生活を調べることによって性行動の生理を科学的に明らかにしようとする努力がなされ，人間の性行動の全体像が数量的に明らかになってきた．

人の男女の記号として♂と♀が特に医学において用いられている．古くから互いに対応する天体と金属に記号が決められ，これに該当する古代ギリシャの神の名がつけられた．生物学では雄と雌の記号に利用され，1767年リンネによ

って使用された．火星と鉄の記号♂が軍神アレス，マルスで雄を示し，金星と銅の記号♀が女神アフロディテ，ヴィーナスで雌を示す．これは火星と金星のギリシャ語の最初の文字の手書きが変化してできたといわれている．♂を♂と書くのは正しくない．♂は槍と盾，♀は手鏡に由来するという説もある．

d. 性の進化

ウイルス，細菌などの微生物は，宿主という彼らより大きい生物の表面や内部に棲んでいる．たいていの微生物は，宿主に対して無害であるが，病原体として宿主に害を与えるものもある．すべての生物は，このような寄生者が体内へ侵入できないようにしたり，または彼らを弱らせるために，特有の化学物質を進化させて防御策を講じてきた．一方，寄生者側も，宿主の防御策に対して新しい対抗手段を常に進化させている．そして，両者にみられる進化の競争こそが，性の成立する真の原因となったのである．

微生物の増殖率はきわめて高い．その原因は小さな生物には含まれる遺伝物質の量が少ないからである．1個の微生物が2個に分裂するまでの時間は，その生物がもっている遺伝物質の量に比例するから，複製する遺伝物質の数が多いほど2倍に数が増えるまでの時間は長くなる．

上述したように，寄生者と宿主との間には，共存関係と敵対関係の2種類があり，その関係は，宿主側の外敵防御システムと寄生者側の突然変異の2点によってバランスされている．外敵防御に必要な条件は，外敵の認知であるが，宿主の細胞は，隣接する細胞が自分と同類か否かを正しく識別するために，暗号のように働く化学的認知信号を用いている．隣接した細胞が，宿主の細胞と同類である証拠の暗号をもっていれば，そこにとどまることができるが，もたないならば宿主から反発され攻撃される．

一方，寄生者には，細胞分裂に先立って，遺伝物質が複製されるが，たまたま遺伝子突然変異とよばれる複製ミスが生じることがある．その結果，宿主の細胞が自己と同類であると判断できる化学信号を偶然もつようになった寄生者は，外敵と認知されずに宿主に侵入することができる．

複製は細胞分裂に先立って細胞内で生ずるから，分裂が頻繁であればあるほ

ど突然変異も頻繁に起こる．したがって，微生物は，大型生物の外敵防御システムを解読する鍵をいずれ必ずといっていいほど見つけだすにちがいない．しかし，大型生物は大量の遺伝物質を保有するために，突然変異で防御システムを変更させるには，ずっと多くの時間を必要とするのである．

生物は地球上に出現した当初から，遺伝物質の細胞間移動を行って，遺伝子構成を変化させ，遺伝的で化学的な認知信号を変化させてきた．それは，他個体へ細い管をのばし，管を通じて遺伝物質の一部を移動させる単細胞生物に見られる接合という現象である．

このような遺伝物質の変換を伴う接合は，細菌以外の原始的な原生動物繊毛虫類にも見られ，宿主側はくり返し認知信号を変更することで，古い暗号しか解読できない寄生者を再びしめ出すことができる．

他の個体の遺伝物質の一部を受け継ぐことは疑似有性的な過程とよばれ，性の前段階ということができる．微生物は突然変異の頻度が高いので，宿主である大型生物の防御暗号や外敵認知信号を偶然に解読してしまう．それに対して成長の遅い大型生物は突然変異の頻度が低く，突然変異によるだけでは外敵から逃れられない．そこで大型生物は，遺伝物質の一部を互いに交換し合う方法を創造することによって，外敵との進化競争に加わった．つまり，最初の有性的過程は，外敵防御のため，やむをえず生じた自衛手段であったのである．遺伝物質の変更は，能力向上のためではなく，変化して他と異なることが重要であったわけであって，性はもともとは，増殖の手段として自然界に生じたものとはいえなかったのである．

進化の過程で，単細胞動物から多細胞動物が発生し，生体はさまざまに専門化した細胞が集合して生活することになった．しかし，ここで問題となるのは，細胞が接合して遺伝子を交換し接合した細胞の重要な形質が変化するのはよいが，接合した細胞は近隣の細胞から，もはや自己の細胞群の一員としては受け入れられず，細胞群から排斥されることである．ただし，隣の細胞から反発されるほど接合によって形質が変化してしまうと，その接合した細胞が単独で成長し続け，分裂して新しい個体をつくることになり，形質の変更は自動的

に増殖の段階へと移っていく．こうして，多細胞生物では，有性的過程に専門化した生殖細胞が生ずるようになり，有性的な融合のためにからだから排斥されるものの，生殖細胞は，形質の変化と同時に個体の増殖に役立つことになるのである．

1.2 遺伝による性

多くの脊椎動物や昆虫などの性は遺伝子に支配されている．すべての細胞の核には常染色体のほかに性染色体がある．ドイツの細胞学者 Henking は 1891 年にホシカメムシの一種 *Pyrrhocoris apterus* の精子形成の研究中，精母細胞の分裂中に特別な行動を示す染色粒を見つけ，それが性決定と関係する染色体とは気づかず，意味不明ということで X とよんだ．McClung(1902)はその後，Henking の見つけた X が 1 個の特殊な染色体であることを立証し，雄のみがこの特殊染色体をもっているので，これをもっている精子と受精すると雄が生まれ，これをもたない精子と受精する雌が生ずるという考えを示した．当時はまだ現在の Y 染色体が確認されていなかったので，Henking が記載した X は今日の X 染色体ではなくて，現在の Y 染色体のことである．現在性染色体をそれぞれ X, Y と呼称するが，X 染色体という名称は XX/XY という二つの性染色体の組み合わせによる性決定の細胞学的基礎をきずいた Wilson が，Henking の見つけた X という名称にちなんで命名したものである．性染色体は雄または雌の一方がホモ(同型)で 1 対の X（または Z）をもち，他方がヘテロ(異型)で X と Y(または Z と W)の 1 本ずつをもつ．例えばヒトにおいては，細胞核中に 22 対の常染色体と女性では X 染色体が 2 本含まれ，男性では X 染色体と Y 染色体が 1 本ずつ含まれている(図 1.1)．減数分裂の結果，卵はすべて 22 本の常染色体と 1 本の X 染色体をもっているが，精子には X 染色体をもつものと Y 染色体をもつものが生じる．前者が卵と受精すれば女児ができ，後者が受精すれば性染色体は XY となり男児ができる．

雄ヘテロか雌ヘテロかは動物の種類により異なる．哺乳類では雌が 2 本の同型染色体をもち，雄が異型染色体をもつ雄異型配偶子性の XX/XY 型である

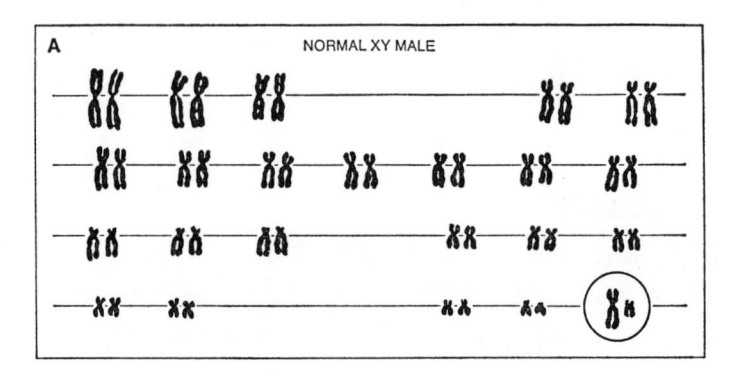

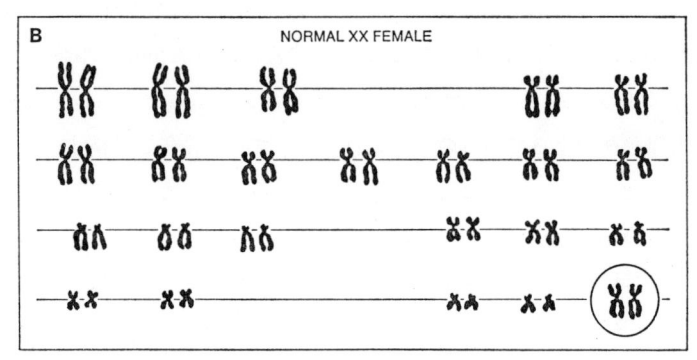

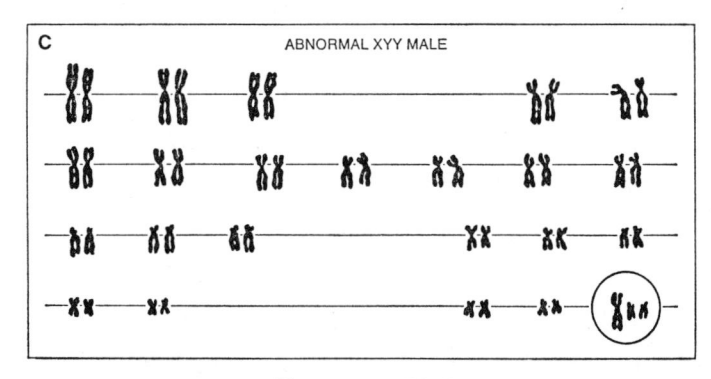

図 1.1 ヒトの染色体
Aは男性，Bは女性，Cは染色体異常の男性．

が，鳥類では逆に雄が2本の同型染色体をもち，雌が異型染色体をもつ雌異型配偶子性の ZW/ZZ 型である．爬虫類以下の脊椎動物では XX/XY 型のものと ZW/ZZ 型のものがある．性染色体によって性が決定されることは，性染色体に性の決定にあずかる遺伝子が存在することを意味する．この遺伝子が個体に雌雄性を発揮させるには特定の物質(性決定物質)の介在を必要とする．

1.3 性分化

男女の性別はいくつかのレベルで観察される．まず，細胞レベルでは，男性には細胞核にある性染色体は XY であるのに対し，女性は XX である．性腺レベルでは男性は精巣(睾丸)を有し，女性は卵巣をもつ．内性器レベルでは男性が精囊，輸精管をもち，女性は子宮，卵管をもつ．外性器レベルでは一見してわかる男性型と女性型を示す．二次性徴レベルでは，男性は筋肉たくましく，声が低いが，女性は乳房が大きく，声は高い．心理レベルでも攻撃的な男性型とやさしい受動的な女性型がある．このように男女の性別はいろいろのレベルで認められるが，社会的には外性器の形態や二次性徴などの外見的な相違によって男女の区別がなされている．

これらの性別のうち，性染色体の性別は受精のときに決定してしまうが，その他の性腺，内性器，外性器などの違いは，少なくとも個体発生の初期には男女どちらの方向にも分化しうる未分化型のものがどの個体にもあり，それが発生の段階で男性型か女性型かに分化してゆくことによって男女の違いができあがる．すなわち，個体発生の進行に伴って，まず生殖腺が精巣または卵巣の形態的特徴を備えるようになり，次いで生殖輸管系とその付属腺，さらに外性器を含む外部性徴が形態分化をとげ，成体期になって男女別々の形態が完成する．中枢神経系の機能も男女の性行動が違ったパターンで発現するように異なったものとなる．この一連の現象を性分化という．性腺以降の性の分化は，多くの場合は性染色体と同じ性の方向に誘導される．

a. 性分化のメカニズム

このように，性は発生の過程で分化してくるのではあるが，性染色体上の遺

伝子が決定的な作用をしているとは考えられない場合もある．ボネリアのような下等脊椎動物のあるものがそれで，発生中の条件により，性分化の方向が支配されるので，遺伝子の作用が明瞭でない．雌決定物質，雄決定物質が種々の動物で確認されている．脊椎動物でも魚類や両生類のある種類では，性ホルモンによって雌雄自由に性を転換させることができる．雌雄の違いは，まず生殖腺が卵巣になるか，精巣になるかで見られる．輸卵管や輸精管など生殖輸管にも雌雄の違いがある．これらを第一次性徴という．ヒトののどぼとけやニワトリのとさかのような生殖器官以外の性の違いは第二次性徴という．種々の動物でこれら性徴の多くが性ホルモンで支配されていることがわかってきた．すなわち，遺伝子が性決定をしている動物では，遺伝子の作用により性ホルモンのでき方が支配され，その結果として性分化が起こると考えられる．しかし，哺乳類での最初の性決定機構，つまり生殖腺が精巣となるか卵巣になるかは性ホルモンでなく，Y染色体上の遺伝子に支配されるH-Y抗原によることがわかってきた．H-Y抗原が生殖腺原基に作用すると，生殖腺が自動的に卵巣へ分化することを抑制して精巣分化へ導く．精巣がひとたび分化すると，精巣の分泌する雄性ホルモンやミュラー管抑制物質により他の性徴が発現されるのであり，この段階での性分化，つまり，性管レベルの分化には遺伝子の直接的支配はないといえる．H-Y抗原は最初，マウスの組織移植実験の結果から，雄の組織にはあって雌の組織にはない組織和合性抗原として発見されたものである．H-Y抗原は広く哺乳類の雄細胞に存在しているが，必ずしも雄に特異的なものではない．ZW/ZZ型の鳥類や両生類では，W染色体をもつ雌の細胞に存在し，卵巣の形成に働く．すなわち，この細胞表面蛋白は，異型配偶子を生産する方の性の細胞に存在する．

1959年頃，ヒトの性染色体異常が相次いで発見され，男女の性がY染色体

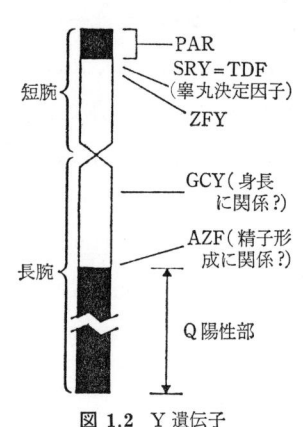

図1.2 Y遺伝子 SRYが性決定部位．

の有無で決定され，X染色体の数によるのではないこと，そして性決定遺伝子(TDF＝睾丸決定因子)がY染色体の短腕上にあることがわかってきた．短腕末端付近には，偽常染色体領域(pseudoautosomal region; PAR)とよばれる部分があり，最近，その短腕のPARの境界近くにSRY遺伝子が発見され，これが性決定遺伝子であることが確実になった(図1.2)．

ヒトのSRYに相当する遺伝子はマウスではSry遺伝子であるが，Koopmanら(1991)はSry遺伝子を含むDNA断片を雌マウスの胚に導入したところ，このマウスは雄になり，Sryが雄をきめるのに必要な唯一のY染色体の遺伝子であることを示した．彼らの発見により睾丸決定因子はこれで確定したといえる．

SRY遺伝子の機能は，胎生早期の未分化な性腺を精巣に分化させることである．いったん精巣が形成されると，以後はSRY遺伝子の有無とは直接に関係はなく，精巣から分泌されるホルモンによって性の分化は進む．

胎生期の精巣からは男性ホルモン以外に，抗ミュラー管ホルモン(antimü-lerian hormone; AMH)が分泌され，AMHによってミュラー管が退縮・消失する．一方，ウォルフ管は精巣からのテストステロンによって分化発達する．これに対し女性ではSRY遺伝子がないので精巣が形成されず，したがってAMHも分泌されないから，ミュラー管は退縮することなく分化が進んで，卵管，子宮，腟といった女性性器が完成する．ウォルフ管はテストステロンの分泌がないため次第に消失する．

このように，ヒトは基本的には女性になるべくプログラムされているが，胎児発生の段階でこのプログラムを切り替えて男性のプログラムにするスイッチ役を睾丸決定遺伝子の生産物であるH-Y抗原が演じているといえる．

H-Y抗原があっても，胎生期に精巣を除けば，テストステロンもAMHも分泌されないのでミュラー管が分化し，女性型の内外性器(卵巣をのぞく)は完成する．この場合，成人の精巣を移植しても，成人の精巣からはAMHが分泌されないので，ウォルフ管もミュラー管も分化し，正常の男性とは違った個体となる．女性の胎児にテストステロンを注射してもAMHが含まれないので上記と同様な結果となる．

b. ヒトの性分化

　ヒトの性分化は妊娠4カ月末までにほぼ完了する．基本的には性分化は女性型に進行するようにプログラムされており，性腺も基本的な分化の方向は卵巣への道であり，性管の分化も外陰の方向も女性への方向である．女性型への性分化は特殊な刺激なしに進行するが，男性型へ性分化が進むためにはY染色体，アンドロゲン，ミュラー管抑制因子などの刺激を必要とすると考えられている．初期の胎児の精巣を除去すると，雄でも内外性器は雌の形態に分化することがわかっているからである．このような刺激を一括して雄性化因子という．したがって，男性の場合にもしこれらの雄性化因子が一つでも欠けると，それに関連する部分は女性型となり性異常者となる．例えば，男胎児に男性ホルモンが作用しないと外性器は女性型となり男性内性器はできない．また女胎児に男性ホルモンが作用すると，外性器などが男性型になる．

　正常男女では常染色体44本と性染色体2本の計46本であるから，46, XXなどと表す．しかし，時には染色体異常のヒトも見られ，X1本だけの個体（ターナー症候群）では性腺の分化は起こらず，卵巣の位置に線維組織様の構造が見られる．ところが，47, XXY（クラインフェルター症候群），48, XXXY，さらに49, XXXXYなどの個体は，いずれも精巣をもち，他の内性器も外陰部も男性型である．

　したがって，このような事例からわかることは，X染色体の数の多少にかかわらず，Y染色体があれば精巣が生ずる（胎生初期の未分化な性腺が精巣に分化する）ことである．Y染色体は精巣（または男性化）決定因子をもつ．それはY染色体上の遺伝子によって誘導される蛋白質（H-Y抗原）のなせるわざであり，これが胎児性腺原基の細胞表面にあるレセプターと反応して，細胞相互の配列が決定され，精巣側への分化が始まると考えられている．

　X染色体を過剰にもつ女性（47, XXXや48, XXXX）の卵巣は正常で排卵も可能であること，一方X染色体が一つ少ないターナー症候群では性腺の分化が見られないことから，正常な卵巣の分化には少なくても2本のX染色体が必要と考えられる．

1.3 性分化

1) 性腺の分化　ヒトでは胎齢20日頃に，胚細胞が発生する．胚細胞は思春期になって成熟すると精子または卵子となる細胞であるが，未分化の状態では原始胚細胞とよばれる（図1.3）．原始胚細胞が卵黄嚢から中腎に移動すると，中腎表面の一部が隆起して生殖隆起が生じ，これが性腺発生のもととなるので性腺原基とよばれる．生殖隆起の上皮細胞は分裂，増殖をくり返して多層化し，原始胚細胞を包み込んで次第に索状をなして内部に進んでゆき，第一次性索となる（図1.4）．この時期には性腺はいまだ分化していないので，性差は

図 1.3　原始胚細胞の発生と移動
（水野，1981）

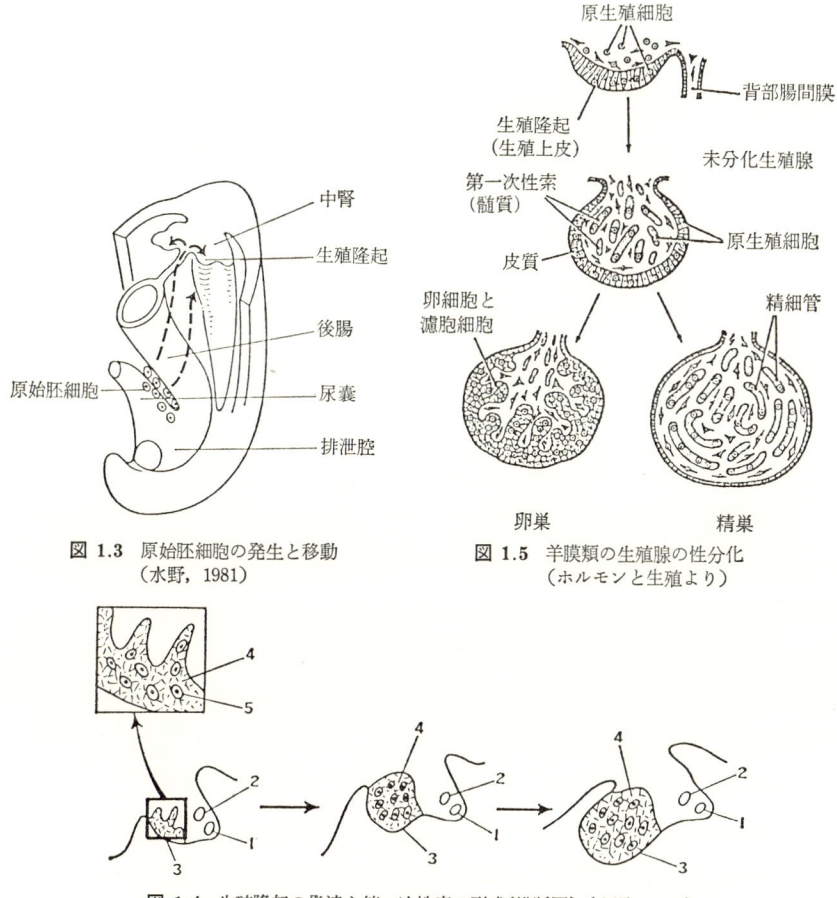

図 1.5　羊膜類の生殖腺の性分化
（ホルモンと生殖より）

図 1.4　生殖隆起の発達と第一次性索の形成（横断図）（水野，1981）
1: ミュラー管，2: ウォルフ管，3: 生殖隆起，4: 第一次性索，5: 原始胚細胞．

まったく見られない．

受精後7週から8週にかけて性腺の分化がはじまり，XYの性染色体をもつ個体では7週になると生殖隆起の髄質が発達し，皮質が退化することによって，精巣への分化が生じ，XXの個体ではそれより少し遅れて8週頃から生殖隆起の皮質の増殖が起こり髄質が退化することによって卵巣への分化が開始される(図1.5)．

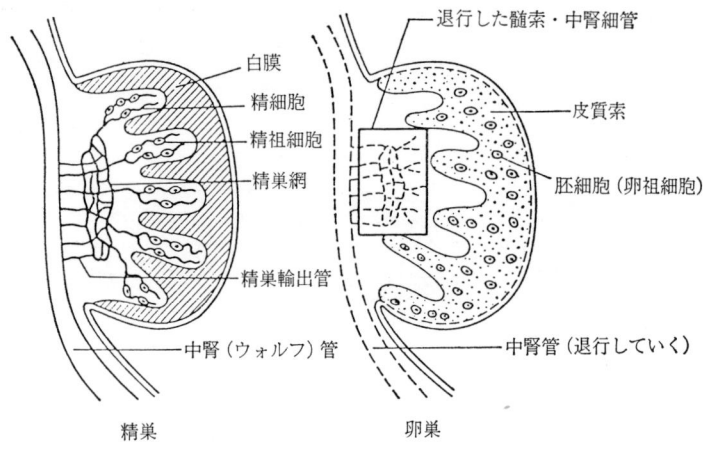

図1.6 性腺の分化(水野，1981)

i) 精巣の形成： 7週になると髄索とよばれる第一次性索が連続的に変化して精巣の特異な構造である精細管が形成され，中腎細管から中腎管(ウォルフ管)へと泌尿器系との連絡を保ちながら分化する(図1.6)．精細管は管壁構成細胞(セルトリ細胞)と管膜に存在する原始胚細胞由来の精祖細胞とからなる．精祖細胞は思春期以降になって成熟し，精子となる．精巣でのアンドロゲン生合成の場である間細胞(ライディヒ細胞)は，精細管と精細管の間の結合組織中に出現する．この細胞は，妊娠3カ月，4カ月に著しく増殖し，アンドロゲンを分泌して，後に述べる性管，脳の男性型分化に関与する．

ii) 卵巣の形成： 卵巣への分化は8週頃にはじまる．その際，生殖隆起の表層で細胞の増殖が再び活発になって第二次性索が形成されるが，第一次性索ならびに中腎細管は次第に退化する(図1.6)．

1.3 性分化

　5カ月を過ぎると胚細胞とそれを囲む1層の上皮細胞からなる原始卵胞が形成される．原始卵胞の総数は，出生時には30万～40万個といわれるが，思春期以後成熟して卵として排卵されるのは，一生を通じて約300個にすぎない．胚細胞を取り囲む上皮は卵胞上皮とよばれるが，思春期以降ここから卵巣ホルモンが分泌される．

2）性管の分化　　胎児はもともと性管の原基としてウォルフ管とミュラー管の両方をもっていてその1本ずつが対をなして両側の体腔後壁に存在する（図1.7）．したがって性腺分化のはじまる7週までは男女差はない．男女の内性器は，このウォルフ管とミュラー管を共通の母地として分化・形成される．

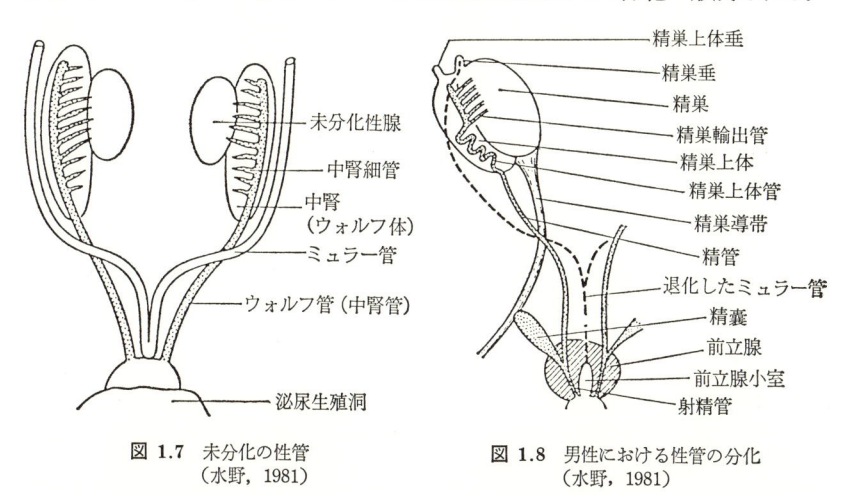

図 1.7　未分化の性管
（水野，1981）

図 1.8　男性における性管の分化
（水野，1981）

　i）男性性管の分化：　精巣の分化と平行して精巣から分泌される男性ホルモンによってウォルフ管に変化が生じ，精巣輸出管，精巣上体，精管，精嚢，前立腺が発生する．ミュラー管は精巣から分泌されるミュラー管抑制因子によって11週までに完全に退化消失する（図1.8）．精巣は精巣導帯の短縮に伴って3カ月末には内鼠径輪に近づき，7～8カ月で鼠径管から出て陰嚢内まで下降する．

　ii）女性性管の分化：　左右のミュラー管は8週頃から下端で癒合がはじまり，3カ月末には中隔の消失により第一の内腔となる子宮腟管をつくる．子宮

部分は厚い子宮筋層によってつくられ，それより上部のミュラー管は横にのびて卵管となり上端は卵管采として腹腔に開口する．ミュラー管の下端は腟となり，4カ月中期で性管の分化は終了する．ウォルフ管は3カ月頃から退化しはじめる（図1.9）．

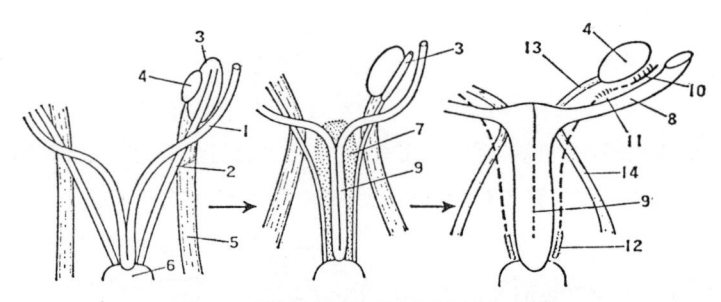

図 1.9 女性における性管の分化（水野，1981）
1：ミュラー管，2：ウォルフ管，3：中腎，4：卵巣，5：鼠径靱帯，6：泌尿生殖洞，7：間葉組織，8：卵管，9：子宮腟管，10：卵巣上体，11：卵巣旁体，12：ゲルトナー管，13：固有卵巣索，14：子宮円索．

3) 外陰の分化 　　外陰の性差は，尿生殖膜の開く8週から少しずつ明瞭になる．男性では生殖結節が肥大して突出し，次第に陰茎様になってくる．また中央部が癒合することにより尿生殖洞は尿道となる．陰茎の後方では陰嚢が形成される．女性では外陰の形態は，それまでの発育から本質的な変化はなく，生殖ひだは小陰唇，生殖隆起は大陰唇となり，生殖結節からは陰核がつくられ

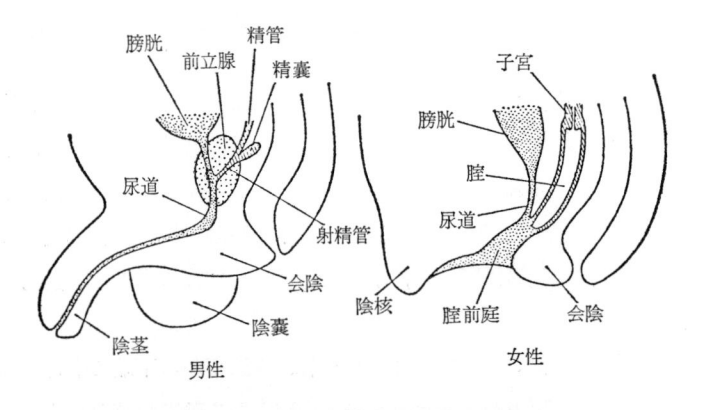

図 1.10 男女の外陰の形成（水野，1981）

る．このように陰嚢と大陰唇，陰茎と陰核の原基は同じものであり，男性ホルモンの有無によって分化が誘導されるのである（図1.10）．

1.4 性の発達と成熟

　性の自覚や性行動の現れ方は，経験や社会的因子に大きく影響されることは事実である．しかし，妊娠期にテストステロンにさらされたか否か，またさらされてもきわめて少なかったか否かも大きく影響する．

　妊婦が早産予防の薬として使用した合成ホルモンが後になってそれがアンドロゲンだとわかった例で，その子ども10人の女子の発達を観察した報告がある．それによると，彼らの誕生時の外性器は男性型であったが，内性器は正常の女性型であった．外性器は幼児時に手術によって女児らしく成形され，その後の（5～15歳まで）行動発達が正常者と比べながら観察された．

　10名中9名はおてんば娘で，人形より男の子の玩具を好み，戸外のスポーツをより楽しみ，男の子と遊び，男の子の服装を着たがった．将来に対しては，社会的に高い職業にあこがれ，子どもや結婚にはそれほど興味を示さなかった．ボーイフレンドとのデートへの興味は若干は遅れたが，同性愛に進むことはなかった．

　男性胎児では男性ホルモンが，母体の子宮内での性分化に大きくかかわるが，出産後の性腺は，もはや絨毛性性腺刺激ホルモンの影響をうけず下垂体性腺刺激ホルモンも欠如するので，テストステロンの分泌は思春期まで低レベルに維持される．思春期になると，再び性腺刺激ホルモンが増加し，先に分化した性特有の器官をそれぞれ刺激するようになる．それに対して，エストロゲンは胎児の子宮内発達にはほとんど関与せず，胎児が女性に分化するにはただ精巣からのテストステロン分泌がないだけでよい．エストロゲンは思春期になると，女性の性器を刺激するようになる．

　思春期とは10～14歳頃をいい，この時期になると再び活動をはじめた性腺刺激ホルモンによって生殖器官が成熟し，生殖は可能となる．男性ではこの時期に達すると，精細管で精子が産生され，性管，性腺および陰茎が大きくな

り，第二次性徴も明瞭になり性欲も現れてくる．これらはすべてテストステロンによる効果であって，精巣からテストステロンが分泌しはじめた結果である（図1.11）．

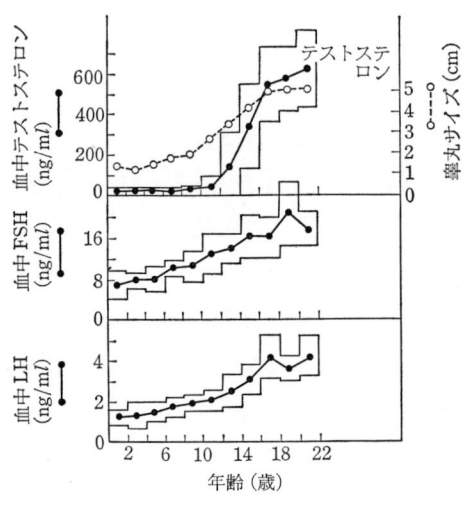

図 1.11 思春期男児における血中ホルモン濃度の変化
（岩動，1981）

なにゆえ，思春期までテストステロンの分泌が抑えられ，思春期になるとテストステロンの分泌が開始されるかは，視床下部がその鍵をにぎっている．一般には成人では性ホルモンの分泌が減少すると，視床下部を介したネガティブフィードバック機構によって，脳下垂体からの卵胞刺激ホルモン(follicle stimulating hormone; FSH)，黄体刺激ホルモン(luteotrophic hormone; LH)という性腺刺激ホルモンの分泌が増加し，性腺を刺激することによって性ホルモンの分泌を増加させるが，思春期までの視床下部には，FSH，LHを下垂体から分泌させるだけの放出因子を下垂体に分泌する力はないのでこのフィードバック機構が働かずFSH，LHの増加は起こらない．これらの性腺刺激ホルモンの量が少ないと，精巣では精子形成が行われず，大量のテストステロンの生成もおぼつかない．しかし，思春期になると脳の機能が変わって，LH，FSH放出因子を視床下部から分泌するようになる（図1.12）．脳腫瘍の子どもや，視

1.4 性の発達と成熟

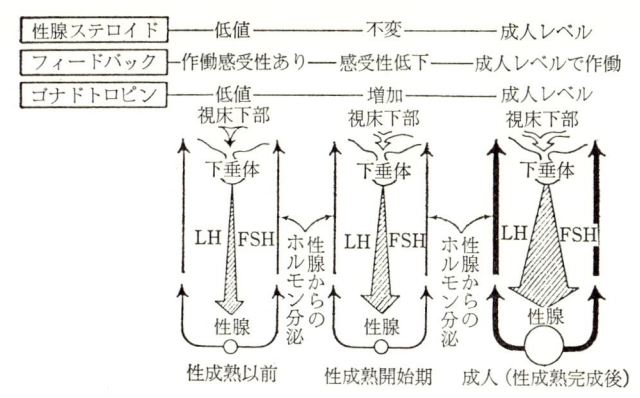

性腺ステロイド	——低値——	——不変——	——成人レベル
フィードバック	作働感受性あり	感受性低下	成人レベルで作働
ゴナドトロピン	——低値——	——増加——	——成人レベル

性成熟以前　　　　性成熟開始期　　　成人(性成熟完成後)

図 1.12 成熟過程における視床下部の〈Gonadostat〉の感受性の推移
（Reiter と Kublin による）

床下部や松果体が破壊された子どもには，早発性思春期が現れ，性成熟が時には5歳くらいで認められることがある．

　女性の思春期は男性のそれとほぼ同様の時期に同様の機序によって起こる．小児期のエストロゲンレベルは非常に低い．したがって，副性器も小さく，卵の成熟も起こらない．男性同様，FSH，LH 放出因子が視床下部から分泌されないからである．思春期になると，この放出因子が分泌されるようになるので，性腺刺激ホルモンやエストロゲンの分泌量が増大する．エストロゲンは視床下部にある周期中枢を刺激し，月経周期が現れてくる．

　動物の性行動が光刺激によって強く影響されることは知られているが，ヒトでも同様なことが報告されており，盲目の女子は正常な女子より思春期が早くくるし，明暗期が不規則になる長距離航空機の女子乗務員では月経不順の者が多いといわれている．

　思春期に至るまでの成熟過程は，大体において順序よく進行するが，思春期が訪れる年齢には個人差がある．男性では，まず，精巣と陰嚢の発達が加速され，それにやや遅れて陰毛が，その後わき毛やひげが現れる．陰茎は，平均13歳(11〜14.5歳)で発達が加速され，15歳(13.5〜17歳)頃成熟が完了する．女子ではまず胸のふくらみが生ずる(11歳)のが普通であるが，陰毛が先に現れることもある．初潮はそれより遅れる(13歳)．初期の月経周期では排卵を伴わ

ないことが多いので，初潮後12〜18カ月間は不妊が続く．初潮の到来時期は，世界の先進工業国ではこの150年間で非常に早くなってきている．例えば，ノルウェーでは1830年に17.5歳であったものが，最近では13歳にまで低年齢化した．栄養の改善もこの加速化現象の一因であろう．

1.5 性と社会

身長や体重，初潮などを指標として人間の成長と成熟の時間的変化やその度合いの変化をしらべると，先進諸国においては，新しい世代ほど成長と成熟の時期が早まり，成長水準も高まっていることが示されている．このような発達の変化は発達加速現象または発育促進現象と称され，今世紀初頭より確認されており世界的な規模で進行してきている．

大阪大学の研究グループは，日本における発達加速現象の進行を確認するため，全国の都道府県の市部・郡部を単位として，学校単位で無作為抽出された小学校5年生から中学校3年生までの5学年の女子生徒を対象に定期的に7回の全国初潮調査を実施してその結果を分析している．主要な結果は次のとおりである（日野林，1991）．

a. 初潮年齢の全体傾向

1961（昭和36）年の第1回調査におけるわが国の推定平均初潮年齢は13歳2.6カ月であった．以来，第2回1964（昭和39）年13歳1.1カ月，第3回1967（昭和42）年12歳10.4カ月，第4回1972（昭和47）年12歳7.6カ月，第5回1977（昭和52）年12歳6.0カ月と低年齢化傾向を示した．日本におけるこのような女子初潮年齢の低年齢化傾向は，1964（昭和39）年から1967（昭和42）年にかけて最も顕著であった．すなわち，この3年間に平均初潮年齢が2.7カ月早くなり，10年間換算で初潮が9.0カ月早くなるという低年齢化傾向がこの期間に認められた．

それ以後，1977（昭和52）年12歳6.0カ月，1982（昭和57）年12歳6.2カ月，1987（昭和62）年12歳5.9カ月であり，12歳6カ月前後で停滞する傾向にある．1987年調査から得られた平均初潮年齢の12歳5.9カ月は，欧米の13歳前後の

1.5 性と社会

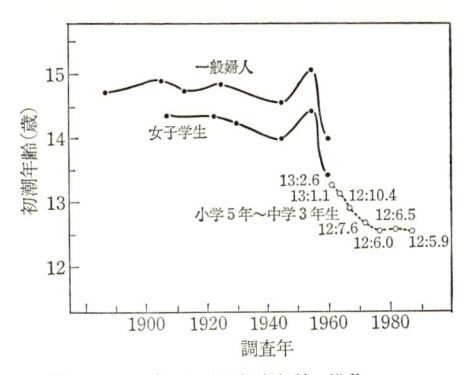

図 1.13 日本における初潮年齢の推移
黒丸・実線部分は,松本,1937；
澤田,1982による.

図 1.14 欧米各国の平均初潮年齢の推移
(Tanner, 1977)

平均初潮年齢に比較しても約半年低く,世界的に見て最も低い水準にある(図1.13, 1.14).

b. 個 人 差

日本における平均初潮年齢の標準偏差は,第1回の1歳2.6カ月をのぞき,毎回1歳1カ月から1歳2カ月の間にある.この標準偏差にも示されるように,初潮年齢にはかなりの個人差があり,小学校1年生から中学校3年生まで各学年で来潮者があった.1987年調査における中学校3年生の2月に1.0%の未潮者があり,高等学校1年生での来潮者も見込まれ,来潮の個人差には少なくとも10年の差異があると見られる.

c. 国内地域差

1987年調査から,日本国内の平均初潮年齢を都道府県別に見ると,最も低い青森・秋田両県の12歳9カ月から最も高い滋賀県の12歳9.1カ月まで,6.2カ月の地域差が見られた.

従来,平均初潮年齢の国内地域差の一側面を表現する場合,東北・北海道は低く,沖縄を除く九州・四国は高いといえた.ところが,上述のように都道府県単位で見た場合,最近回の調査結果において初潮年齢の最も高いのは滋賀県であった.また東北・北海道や沖縄とならび,伊豆諸島は平均初潮年齢の低いことが明らかになった.この結果,現在の日本の初潮年齢の地理的分布は"周

辺部低年齢化傾向"と称した方がより適切である．

また，従来東京や大阪のような大都市を含む地域の平均初潮年齢が他の地域と比較して低いという傾向は，現在では見られなくなった．特に大阪府の平均初潮年齢は，1987年調査において12歳6.1ヵ月であったように，日本全体の平均値とほぼ同じになってきている．

1961年から1982年までの調査結果において，平均初潮年齢は行政区画の都市部在住者の方が郡部在住者よりも一貫して低い傾向が見られた．ただし，低年齢化傾向の度合いは郡部の方が強かった．1987年調査において，日本の市部全体の平均初潮年齢は12歳6.0ヵ月，郡部全体は12歳5.8ヵ月と，都市部は郡部より平均初潮年齢が低いという傾向はなくなり，むしろ0.2ヵ月であるが郡部全体が市部全体よりも平均初潮年齢が低かった．

d. 心理・社会環境要因の分析

来潮には，生物学的要因以外にも以下のような心理・社会環境的要因も働いている．

いわゆる早生まれ(1～3月生まれ)は，遅生まれ(4～12月生まれ)と比較すると年齢の低いことを反映して既潮率が低率である．しかし，満月齢を考慮して生まれ月別に平均初潮年齢を計算すると，4月生まれのものは遅く，誕生月が4月以降遅れるにしたがって早く初潮を迎える傾向がある．1987年の調査では3月生まれの平均初潮年齢は，4月に比較して約2ヵ月早かった．早生まれのものは，月齢から見ると早く就学することが影響しているものと考えられる．兄弟・姉妹の数が多くなると初潮年齢が高くなり，一人っ子は最も低かった．このような傾向は社会環境的な要因や心理的な要因が働いていると考えられる．

他方，ある地域の平均初潮年齢はその社会環境の変化の影響をこうむる．都道府県別にみると，県民1人あたりの一般公共投資額が増加すると平均初潮年齢は低くなる傾向が見られた．逆に，県民1人あたりの工場出荷額の水準が増大すると平均初潮年齢は高くなる傾向が見られた．これらの社会環境要因と平均初潮年齢との関連については，複雑な背景があると考えられ，今後細かい要

因分析が必要である．

e．初潮の月別分布

　本調査においては，8月，1月，4月の来潮者が高かった．小学校4, 5年で来潮するものは1月に来潮する割合が高く，中学校以降になると4月来潮者が増加し，8月来潮者はすべての学年において多かった．また，誕生の月に初潮を迎えやすい傾向も見られた．このように，休暇や進学・進級の影響，および心理的要因が来潮の時期に影響するものと考えられる．

　初潮は成長と成熟に関する現象ではあるが，来潮時期に関しては生物・社会・心理などの影響を複雑にうける現象であり，発達加速現象の原因を探るには，現象的な因果関係を追究するだけではなく，成長・成熟に影響を及ぼす諸要因について，学際的視点より究明されなければならない．

1.6　性と加齢

　卵巣の機能は30代頃に最高となり，それ以後は徐々に低下する．しかし，40代頃までは大きな支障を起こさない．卵巣の機能が低下する原因は，加齢によって下垂体からの性腺刺激ホルモンに卵巣がだんだん反応しなくなるからである．その結果，負のフィードバックが弱くなるために性腺刺激ホルモンが大量に分泌されるにもかかわらず，卵巣からのエストロゲン分泌は低下する．加齢が進むと，排卵や月経周期も不規則となりついには完全に消失する（図1.15）．

　エストロゲンは，このような時期になっても，しばらくは分泌され続けるが，やがてエストロゲン依存

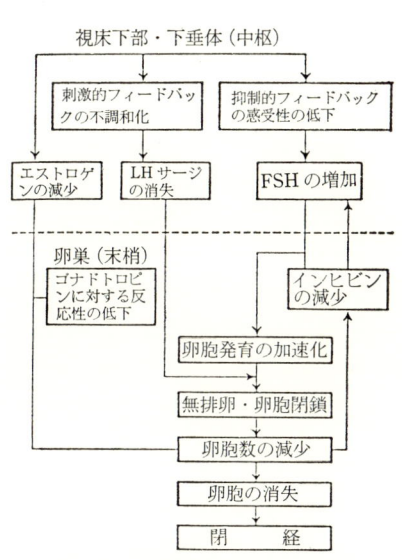

図 1.15　閉経発来機序に関する仮説
（東條と西村，1981）

性の組織を維持するだけの量にも達しなくなり，乳腺や性器が次第に萎縮してくる．蛋白同化作用も減少するから，皮膚や骨も薄くなる．しかし，多くの場合，性欲は減退しないで，かえって増加することもある．

閉経期によくある hot flash は，皮膚の小血管の拡張によって起こり，ほてりや発汗を伴う．エストロゲンの減少がなぜこのような症状を起こすかは不明であるが，少量のエストロゲンを投与すると，閉経期のこのような症状は軽減される．

エストロゲンは血漿コレステロールを減少させる働きが強いので，少なくとも閉経期までは，男性と比べて女性の方が動脈硬化症になりにくい．

男性は加齢によって，女性ほど急なホルモンレベルの変化は現れてこない．思春期にテストステロンや下垂体性腺刺激ホルモンが分泌しはじめてから，壮年期までは，ほぼ一定量が分泌される．老年期に入ると，テストステロンの分泌は減少し，精巣の機能も低下する．テストステロンによる負のフィードバックが弱まるので，性腺刺激ホルモンの分泌は増加する．テストステロンの量は減少しても，性欲を維持させるに足る量は維持されており，80歳で子どもを生ませた例もある．したがって，男性には女性の閉経期に当たる生殖機能の停止はない．

2. 脳の性分化

　第1章では性腺，内・外性器が胎生期初期に雄性化因子の有無によって男性型と女性型に誘導されることを述べたが，脳の機能も同様に性分化が起こることが明らかになってきた．このことは主としてラットなどを用いた研究で明らかになったもので，出生直後の精巣由来の男性ホルモンが重要な役割を演じていることがわかっている．ヒトでは，出生直後の外性器の所見から性の判別が行われ，それに基づいて家庭でも社会でも行動様式が決められたり，自己認識も形成され，本来のホルモンによる影響が修飾されるから，男性ホルモンによる脳の性分化を証明することは難しい．ここでは動物を対象にした脳の性分化について述べる．

2.1　脳構造の性的二型

　動物の行動は，反射的な動作は別にして，すべて脳の支配をうける．動物には雌雄の2種があり，以下のような顕著な行動上の違いが成熟した両性間で見られるから，それらを支配する脳構造にも外部構造と同様，何らかの違いがあるはずである．

　動物の交尾行動は，種によってある程度の違いはあるが，共通の特徴として，雄には雌の背後から乗りかかるマウント行動，雌にはそれを受け入れる姿勢が認められ，その典型としてラットではロードーシスとよばれる背骨をそらして会陰部を露出する姿勢が見られる．したがって，生殖行動の研究によく用

いられるラットでは，それが行動的に雄か雌かは，マウント，ロードーシスのどちらが生ずるかによって判定される．

さらにもう一つ，成熟期における性腺刺激ホルモン(ゴナドトロピン)の分泌パターンの違いがある．性腺はそれ自体では自発的に働けず，間脳下垂体系からのホルモン支配をうけて作用する．視床下部にある性中枢には二つの下位中枢があり，一つは成熟期に達すると，大量のホルモンを周期的に産出し，下垂体前葉から性腺刺激ホルモンの産出を促すようになる(図2.1)．他の一つは維

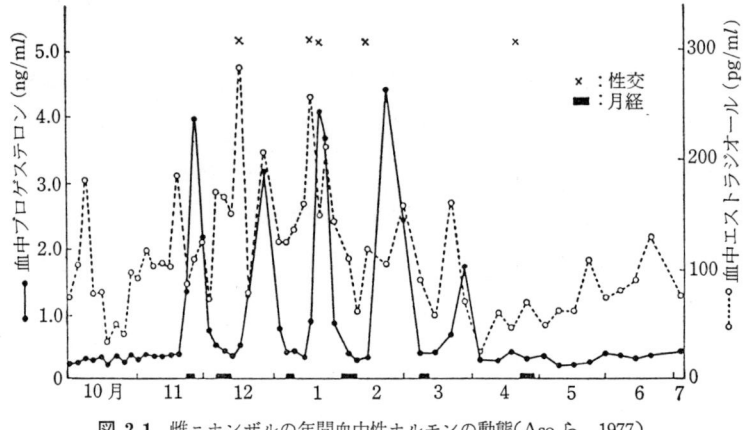

図 2.1 雌ニホンザルの年間血中性ホルモンの動態(Aso ら，1977)

持中枢であり，基礎水準の維持のみに働いている．前者の周期的中枢はアンドロゲンによってその働きが失われる．したがって，ヒトを含めて雌では脳下垂体から周期的にゴナドトロピンが分泌するために排卵が卵巣から周期的に誘起されるが，雄では一定量が持続的に分泌されて周期性は現れてこない．つまり，脳には，マウント行動を起こし，ゴナドトロピンを持続的に分泌するような神経回路を有する雄型の脳と，ロードーシスを出現させ，ゴナドトロピンを周期的に分泌させるような神経回路を有する雌型の脳の二型が存在することになる．

2.2 ラット脳の性分化と臨界期

受精の結果，雄の性器をもつ個体が生まれるか，雌の性器をもつ個体が生まれるかは，精子と卵子のもつXとYの遺伝子の組み合わせにより決定され，XXならば雌，XYならば雄となる．しかし，これらの個体が将来成熟して雄型交尾行動を現すか雌型交尾行動を現すかは，受精時の遺伝子の組み合わせだけで決まるものではない．例えば，雄ラットの精巣を出生後数日以内に摘出してアンドロゲンの分泌を断つと，遺伝的には雄でありながら，成熟するとロードーシスの姿勢をとるようになり，ゴナドトロピン分泌も周期的になる．一方，生後1週間以内の雌にアンドロゲンを投与すると，成熟後は性周期も示さず，他個体に対してマウント行動を示すようになる．ただし，生後1週間以上過ぎてから大量のアンドロゲンを雌に注射しても，そのような効果はない．すなわち，成熟ラットの交尾行動は，その個体の出生後の一定時期（臨界期）にアンドロゲンが脳組織に働いたか否かによって決定される．臨界期は種によって時期が異なるが，その時期は妊娠期間の長短と関連がある（表2.1）．ヒトでは胎生12～20週くらいに母体血中のアンドロゲンのピークがあるから，たぶんその頃に脳の性分化が生ずるのであろう（図2.1）．雄型性行動を特徴づける脳の統御機能への転換は臨界期に進められ，その経過に問題があれば，成熟後の性行動と遺伝的性の乖離という問題が生じることになる．

雌ラットの新生仔の側脳室内に抗神経成長因子を注入すると，同時に全身投

表 2.1　妊娠期間と脳の性分化の臨界期の比較

動物名	妊娠期間（日）	臨界期（受胎後，日）
ラット	20～22	18～27
マウス	19～20	出生後
ハムスター	16	出生後
モルモット	63～70	30～37
シロイタチ	42	出生後
イヌ	58～63	出生前～出生後
ヒツジ	145～155	～30～90
アカゲザル	146～180	～40～60

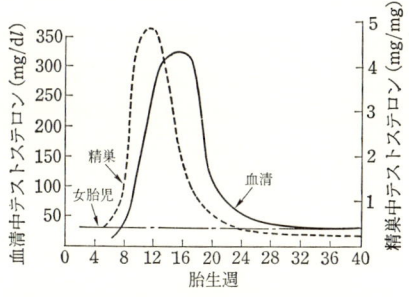

図 2.2　ヒトの胎児の精巣中および胎児血清中のテストステロン（新井と松本，1984）

与したテストステロンによる神経回路の雄型化が防止され，成熟後は，雌型の生殖行動の主要な要素であるロードーシス反射を示す．テストステロン処置にかかわらず，雌ラットがいぜんとして雌型の神経回路を保持していることは，ロードーシス反射の促進に関与する視床下部内側核からの中脳中心灰白質に投射するニューロンをしらべると，軸索の伝導速度，投射路，エストロゲン感受性などが電気生理学的に雌型の特徴を示すことによって証明されている．

ラットの脳の性分化は，胎仔18日から出産直後にかけて完成すると考えられており，この時期に精巣由来のテストステロンが存在するか否かがその決定因子である．テストステロンは，脳内でアロマターゼによりエストロゲンに転換されて作用すると考えられている．新生仔期のテストステロン処置により，特定の視床下部領域にアミノ酸の取り込みが増加すること，さらに，このテストステロン処置による脳の性分化が，DNAやRNA合成阻害剤によってブロックされることから，新生仔期のテストステロンが，特定の蛋白質合成を介して，視床下部領域の性分化をもたらしている可能性が強い．

2.3 家畜に見られる脳の性分化

性分化にホルモンが関与するらしいという考え方が起こってきたのは今世紀初頭からで，畜牛に見られるフリーマーチン条件を綿密に調査した結果である．フリーマーチンとは，遺伝的には雌であっても，雄と一緒に2頭仔として

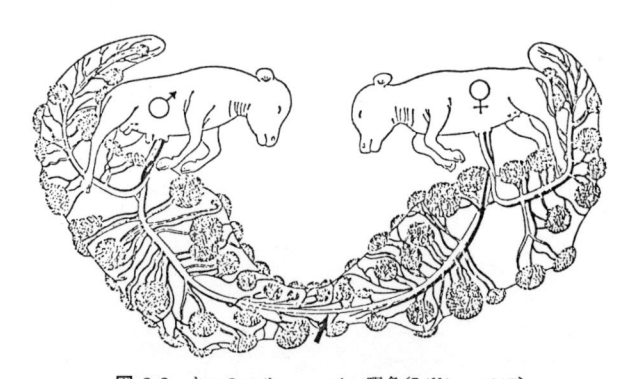

図 2.3 ウシのフリーマーチン現象(Lillie, 1917)

生まれた雌は，いろいろな程度に身体内部に雄性化が認められるもので，たいていは生殖機能はなくて不妊である（図2.3）．双仔の雄雌の胎仔の間には，絨毛血管系を介して血流の交通があり，しかもフリーマーチンには雄の副性器があることから，フリーマーチンが生まれるのは，雌仔の個体発生初期に雄から雌にホルモンが運ばれるためであろうと以前から考えられていた．それ以来，これらの問題を明らかにするために種々の実験が行われてきたが，遺伝的性や行動的性の分化の時期を決定するためのモデルとして，また，この性分化過程の性腺ホルモンの役割を明らかにするためのモデルとしてヒツジが用いられ，成熟後の性行動の維持に性腺ホルモンが重要な役割を演じていることを明らかにするのにも役立ってきた．

それらを用いた破壊，ホルモン移植，求心路障害実験から，腹内側視床下部前部が発情を起こす重要な統合部位であることがわかってきた．視床下部腹内側部から行動中枢に投射する神経線維は，視交叉上の視索前野から起こっている．雄ヒツジでは，視索前野-視床下部前部が雄性行動の重要な部位とされているし(ParrottとBaldwin, 1984)他の種でも同様のことがいえる． 17β-エストラジオールを視索前野に投与しても雄性行動が起こる(Signoret, 1970)．雄ヒツジでは，視床下部でも視索前野でもテストステロンが特異的に取り込まれるので，この部位が性腺ホルモンによって仲介される性行動に関与することを物語っている．

畜牛の妊娠期間は275～290日であるが，少なくとも受精後60日以降に脳の性分化が起こると考えられる．一方，ヒツジの妊娠期間は145～155日であり，脳の成分化は受精後60～70日頃に起こるらしい．

ブタの妊娠期間は112～115日である．脳の性分化について断定すべき成績はないが，種々の実験から出生後に起こると考えられている．

妊娠期間が長い動物，つまり，比較的成熟した仔を生む動物では，性行動に関係する脳中枢の分化が出生前に起こると一般に考えられている．しかし，このことは，ヒツジでは確かめられているが，ブタでは出生後に起こる．

哺乳類の脳の性分化の時期は，性行動のパターンと何らかの関係があるよう

である．たとえば，ヒツジと畜牛は異性を積極的に求める際に発情時に見られる異性の外見的な種々の信号に反応する．しかし，発情した雌ブタは異性を求める際に雄ブタからの嗅覚信号に応ずる．このような種による行動の違いは，性分化の特定の過程が起こる時期に違いがあるために生ずる可能性はあるが，さらに検討を要する問題である．

2.4 雄型脳と雌型脳の形態的相違

a. 鳥　　類

鳴鳥とよばれるカナリヤやキンカチョウなどは，繁殖期になると雄はしきりにさえずるが，雌はさえずらない．これら鳴鳥の発声器官である鳴管の筋は舌下神経に支配され，舌下神経は上位の線条体によって支配されている．雄と雌ではこれらの支配神経核の大きさに性差があり，腹側高線条体の尾側部(HVc)と原線条体の大型細胞群は雄の方が大きい．またHVcから線維投射をうける旁嗅葉のX線は雌には欠けている(図2.4)．

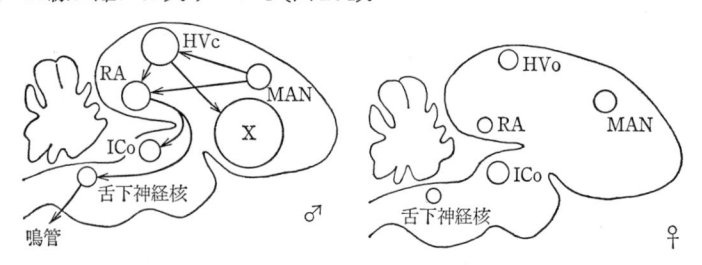

図2.4　キンカチョウのさえずり行動に関係する神経系の模式図
（新井と松本，1984）
HVc：腹側高線条体の尾側部，ICo：四丘体間核，MAN：大細胞性新線条体前核，RA：原線条体の大細胞性群．

b. ラット

雄ラットの視床下部の内側視索前野には雌に比べて大型細胞が多数観察され，その細胞集団の占める容積も雌の約5倍ある．視床下部腹内側核，扁桃核内側核でも同様な雌雄差が観察されており，その違いは出生時には認められず，出生後アンドロゲンが作用することによって生ずる．さらに，電子顕微鏡のレベルでも内側視索前野の樹状突起の伸展密度や弓状核細胞の神経突起，シ

ナプス終末の大きさにも雌雄差が認められており，臨界期におけるアンドロゲンの脳組織に対する曝露の有無によって，雌雄間に異なった神経回路が形成されていることがうかがわれる．

現在，視索前野の背内側部，弓状核，腹内側核，視交叉上核，扁桃体内側核などで神経回路をつなぐシナプスパターンに性差が認められている．弓状核では棘シナプスが雌ラットで雄の約2倍あり(図2.5)，逆に細胞体シナプスは雄ラットで雌の約2倍ある．この性差は遺伝的に決まっているのではなく，出生初期のアンドロゲンの有無によって決まる(図2.6)．棘シナプスは興奮性で，細胞体シナプスは抑制的に働くことが多いから，雌の弓状核は雄より興奮しやすい神経細胞群であろう(新井と松本，1984)．

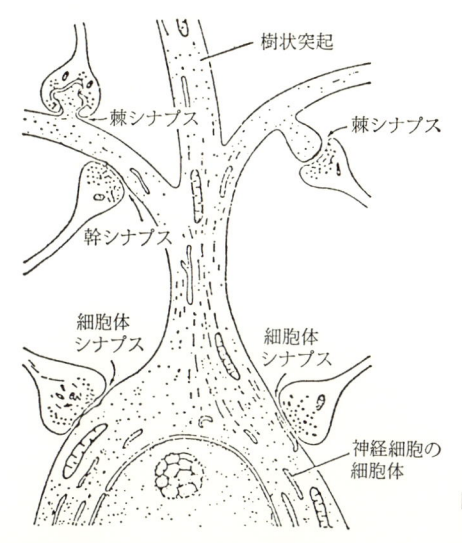

図 2.5 シナプス結合様式の模式図(新井と松本，1984)

一方，腹内側核では，その背内側部のニューロン群には性ステロイド受容体がなく，腹外側部のニューロン群には受容体をもつものが豊富にある．この両者の神経回路をつくるシナプス数を比較すると，性ステロイド受容体を欠く背内側部では性差は認められず，受容体含有ニューロンの多い腹外側部に性差が認められている．これも出生当日の雄の去勢や雌に対するアンドロゲン注射による性転換の事実から，弓状核の場合と同様，シナプスパターンは出生初期の

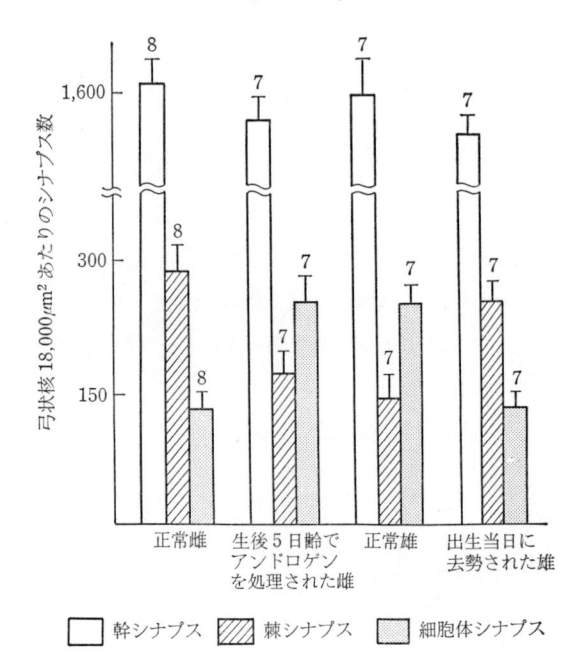

図 2.6 弓状核のシナプスパターンの雌雄差と出生初期ホルモン環境によるパターンの修飾(新井と松本, 1984)

ホルモン環境によって決まることがわかる(図 2.7).

c. 臨界期における脳の神経回路の可塑性と性ホルモン

臨界期に性ホルモンが介入するか否かによって,ラット間脳視床下部に性的二型性が生ずることは,脳の特定部位に存在する未熟な神経回路は非常に可塑性に富み,神経回路が未完成の時期に性ホルモンを与えることによって特定の神経回路の形成や成熟が促進されることを想像させる.

ラットを用いた実験によると,性ステロイドが発生過程の神経組織に働けば,軸索の伸展が促進されたり,シナプス形成が促進されることが明らかになっている.Raisman と Field(1973)が行った実験によると,正常雌かまたは生後 12 時間以内に去勢された雄ラットでは,視索前野の樹状突起のシナプスが多く,正常雄や出生初期にアンドロゲンを投与されたアンドロゲン不妊ラットでは視索前野のシナプスは少ない.

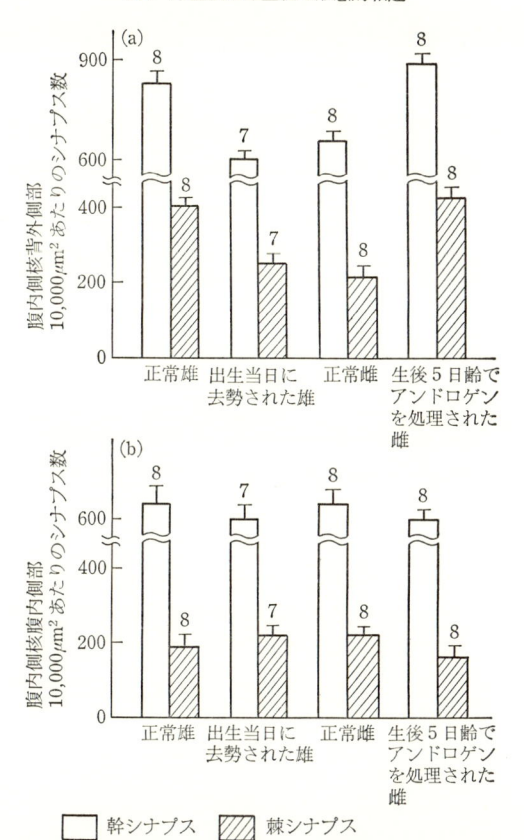

2.4 雄型脳と雌型脳の形態的相違

図 2.7 腹内側核のシナプスパターンの雌雄差の核内局在性と出生初期ホルモン環境による修飾（新井と松本, 1984）

新生雌ラットにエストロゲンを注射して弓状核の樹状突起シナプスの数をしらべた結果では，生後 30 日でシナプス数は対照群の 2 倍になって，ほぼ成体のシナプス数とひとしくなる．しかし成体になった動物に性ステロイドを投与しても，このようなシナプス形成促進効果は生じない．しかし，弓状核に出入りする神経線維を外科的に切断した結果，弓状核内のシナプス数が半減した動物にエストロゲンを投与すると，弓状核の内部の回路を形成していた軸索からの発芽が起こり，弓状核内のシナプス数はほぼ手術前に回復する．さらに，新生仔マウスの視床下部および視索前野の器官培養にエストラジオールやテスト

ステロンを加えると,視索前野や漏斗・前乳頭部の特定部位で軸索の増殖が見られた.

このように,性ステロイドが発生過程にある視床下部や視索前野のニューロン回路の形成に促進的に働くことが確かめられているから,臨界期の誘導される性的二型への分化の機序としては次のようなことが考えられる.すなわち,血中性ステロイドの有無によって受容体含有ニューロンと,非含有ニューロンとの間に成長率の差が生じ,もし性ステロイド受容体含有ニューロンの軸索が早く標的ニューロンに到着すると,非含有ニューロンのために予定されていたシナプスの場所を先取りしてしまい,標的ニューロンの性ステロイドによる活性化とあいまって,本来プログラムされている雌型の神経回路とは違った雄型の神経回路がつくられると想像される.

このような脳の性的二型性は成熟期のホルモン環境とは無関係であり,出生前後のホルモンによって脳の特定核に永久的効果をもたらし,成熟後のゴナドトロピンの分泌や性行動の神経内分泌調節に雌雄の相違をもたらしていると考えられる.

d. ヒ ト

ReismanとField(1971)が,ラットの雌雄の脳に構造的な違いがあると報告するまでは,性の違いが脳にあることに,多くの研究者は懐疑的であった.彼らの報告以来,電子顕微鏡や磁気共鳴映像(magnetic resonance imaging; MRI)の技術をとりいれたすぐれた研究の数々によって,この20年間に,齧歯類,鳥類,サルのみならず,ヒトの脳にも性差がある証拠が提出されてきた.人間では,視床下部,前交連,脳梁などに性差が見いだされている.

一般に,男性成人の脳重は,女性の脳重よりも15%程度大きい.この脳重差は,男女の体重差と比べると約2倍大きい.生後2~3歳までは男女の脳重に差はないが,6歳くらいまでに男の脳の方が急に大きくなり,6歳ではほぼ成人と同じくらいの大きさになる.このことは,脳の基本型がヒトでも女性型であって,発達途中で男性ホルモンにより女性型から男性型に分化することを示している.Gorskiら(1978)は,テストステロンやエストロゲンに感受性の

ある性的二型核(sexual dimorphic nucleus；SDN)が視床下部の内側視束前野にあることをラットで見いだしたが，Swaab(1985)はヒトにも，男性の視床下部には女性よりも約2倍半大きい SDN が存在することを死体の検索によって発見している．

さらにヒトでは，視床下部以外に，左右の大脳半球を連絡する脳梁に性差があり，板状部あるいは峡部が男性より女性で大きいという報告がある．大脳半球相互を連絡するもう一つの視床間核にも性差があり，男性は女性に比して欠損している場合が多いという．

e. 同性愛・異性愛と脳構造

ヒトには異性愛者のほかに同性愛者がいることはよく知られている．しかし，なぜ人間が同性愛者になるのか異性愛者になるかについては，これといった生物学的根拠はわかっていなかった．視床下部前部の正中部位が雄型性行動をひき起こすことは霊長類で知られており，雄ザルでそこを破壊すれば，性衝動はあるのに雌との交尾が実行できなくなるという報告もあるから，性行為を統御する脳構造が性指向性にも関係するだろうとは考えられていた．

視床下部前野にある第2，第3間質核の大きさに性差があり，女性より男性で非常に大きいから，この二つの神経核が人間の男性型性行為の出現に関与している可能性がある．最近 Le Vay(1991)は，この神経核が性差に基づくよりはむしろ性行為指向性に関係する神経核ではないかと考え，女性指向型の者(異性愛男性と同性愛女性)ではこれらの核が大きく，男性指向型の者(同性愛男性と異性愛女性)では小さいであろうと予測した．彼はこの考えを確認するために，41名の死体から脳組織を取り出し，視床下部の第1，第2，第3，第4間質核の大きさを測定した．41名のうち19名はエイズ(acquired immuno-deficiency syndrome；AIDS)で死亡した同性愛男性で，16名はエイズまたは他の原因で死亡した同性愛の経験がないと見られる異性愛男性であった．6名は異性愛の女性で，エイズその他による死者である．測定の結果，第1，第2と第4間質核の大きさには性差がなく，第3間質核のみに性差が認められた．さらに第3間質核は同性愛男性より異性愛男性で約2倍大きいため(図2.8)，

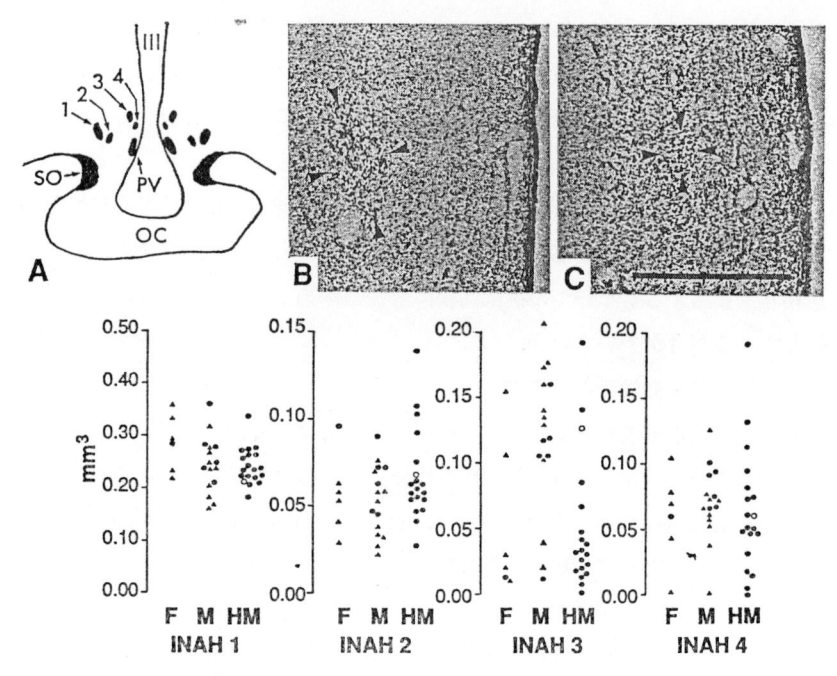

図 2.8　視交叉レベルの視床下部前額断面と間質核(Le Vay, 1991)
　上図：Aは視床下部前額面，1, 2, 3, 4はそれぞれの間質核の番号を示す．Bは異性愛男性の左視床下部，Cは同性愛男性の視床下部．
　下図：視床下部の第1, 第2, 第3, 第4間質核(INAH)の大きさ比較．Fは女性．Mは男性，HMは同性愛男性．

男性の第3間質核は単に男性であるから大きいのではなく，女性への性指向性と関連するので大きいのであろうとLe Vayは述べている．

　第3間質核は，第3脳室の側壁から約1mm離れた部位にあり，傍室核の前端から背側に1〜2mmのところにある．球形または楕円形の核をもち，多角形の細胞群からなっている．

　今日まで，同性愛については，心理学的研究や人類学的研究に負うところが多く，大脳生理学的研究を進める機会は少なかった．エイズ患者の発生によってその機会が得られるようになったのはきわめて皮肉である．1990年，SwaabとHofmanらは，エイズ死体の脳を検出し，生物リズムに関与する視交叉上核(suprachiasmatic nucleus; SCN)の大きさが，同性愛男性で異性愛男性のそ

れより大きいと報告している．

間質核にせよ視交叉上核にせよ，このような変化が見られる原因は，性に関与する脳組織が脳内にモザイク状に点在し，それが脳の分化を起こす初期段階に性ホルモンによってどのように影響されたか，つまりホルモンが適量分泌されれば，正常の男性脳，女性脳に分化するが，その分泌量と時期に異常があれば，脳の分化の程度に種々の異常が発生し，性の指向性にも異常が生ずるようになったと考えられる．

2.5 脳波と誘発電位の性差

a. 通常脳波の性差

正常人脳波では，女性は男性より徐波や速波が多く，また各種疾患で女性の異常脳波出現率が高い．思春期以降の女性では，性周期に伴う脳波変動はあるが，これは性ホルモン変動の影響によるものと思われる．

1) α 波　　平均周波数は女性では男性より速い(Jaser と Andrew, 1938)．成人では高振幅 α 律動は女性に多く，低振幅 α 律動は男性に多い(越野, 1970)．16, 17 歳の高校生と 20 歳から 25 歳の若年成人を対象に行った脳波検査の結果，松浦ら(1980)は，高校生・若年成人ともに 11.5 Hz から 13 Hz の速い α 成分の出現率は明らかに女性に多く，8 Hz から 9 Hz までの遅い α 波成分の出現率は男性に多い傾向があること，また，女性では高振幅の速い α 波が多いことを見いだした．このことは α 波周波数の性差が思春期以降にもあると考えられ，これは中枢神経固有の性差が関与しているものと考えられる．

2) θ 波　　θ 波は一般に有意に健康成人女性に多いといわれている．しかし，θ 波でも 30 μV を越す比較的振幅の高い θ 波の出現量は，高校生・若年成人ともに女性に多い．θ 波のうち，若年男女間で見られる遅い θ 成分の性差は年齢がすすんで成人になるとなくなるから，後者は脳波的成熟過程の男女における時期の相違に関係しているとも考えられる．しかし前者の比較的振幅の高い θ 波は年齢と無関係に女性に多いことから，元来の脳機能の性差に基づくものと考えられる．

θ波の起原は視床と考えられているから，視床・皮質回路の機能的性差が高振幅 θ の相違に関与しているものと考えられる．

加算作業中に見られる Fmθ（精神作業中に出現する正中前頭部で最大振幅の θ 活動）の出現率には男子大学生と女子学生には男女差は認められなかったが，Fmθ の出現時間と出現回数は平均値でいずれも男性の方が大きかった（西島ら，1980）．

3) **β 波**　脳波諸要素の中では β 波が最も性差が著しく，出現量・振幅ともに有意に女性で高い．Busse と Walter(1965)は，20歳以上の成人では女性で速波の出現頻度が高く，その性差は高年になるとさらに大きくなると述べている．

4) **性周期と脳波の変化**　de Barenne と Gibbs(1942)が，健康女性においては月経時と排卵前後で α 波の周期が軽度に延長すると報告して以来，性周期と脳波との関係について多数の報告がある．Lamb ら(1953)は，排卵から次の月経にかけての黄体期に，次第に α 波の周期が短縮し最も減少するとしている．しかし，性周期に伴う脳波変動は α 帯域内での軽度なものである．

b. 誘発電位の性差

Shagass と Schwarz(1965)は，知覚誘発電位(sensory envoked potential; SEP)の各成分の潜時が女性で男性より短いことを認めたが，これは身長の違いによって刺激の伝達距離が異なるために生ずると考えた．しかし，視覚誘発電位(visual envoked potential; VEP)については，各成分の振幅は女性が男性より有意に大きく，SEP や VEP の潜時は有意に女性で男性より短い傾向があるというのが一般的である．

生田(1980)は，群平均 SEP を健康成人男女で比較し，潜時は 23〜115 ミリ秒までの成分で有意に各成分の潜時と振幅の性差があることを報告している．また，認知に関係の深い事象関連電位の P300 の頭皮上分布をしらべると，女性の P300 は男性に比べてその出現部位が明らかに前方に変移していることも示されている(Osawa, 1992)．

3. 性行動の特徴

3.1 昆虫の配偶行動

　昆虫では交尾の成立とともに一連の配偶行動は終了するのが普通である．鳥類や哺乳類のように交尾後も雌雄が協力しての巣づくりや，育仔行動は見られない．

　交尾にいたるまでの行動は，交尾前行動(premating behavior)とよばれ，音，光，紫外線，動き，臭いなど多彩な手段を使用して行われていることが明らかにされている．性フェロモンは，配偶行動の過程で重要視されているが，実際の自然界における配偶行動では，性フェロモンはその一部を担当しているにすぎず，性フェロモン以外の種々の手段がいくつか組み合わされて使用されている．

　配偶行動に必要な性フェロモンは，たいていの場合雌が分泌する．雌が性フェロモンを放出しているときは，特異な体位を取ることが多く，これを誘惑または求愛の姿勢(calling posture)とよび，雄誘引にいたる一連の雌の行動をコーリング行動とよぶ．

　コーリングしている雌に誘引された雄が交尾にいたるまでの行動は，非常に短時間で行われるので，肉眼での解析はほとんど不可能に近い．交尾前行動をビデオテープにとって分析した報告によると，ガの雄は，コーリングしている雌を発見すると，次々と交尾前行動を起こし，先の行動がそれに続く行動のリリーサーになるというきわめて儀式化された行動系列からなっている．行動系

列のある部分に省略があると,行動はまた最初の段階からくり返されるという融通のきかない紋切り型である(BakerとCarde,1979).

ヨーロッパミツバチは高い空中で配偶行動を営む.Gray(1962)は新しく羽化した未交尾の女王の交尾の様子を知るために,その女王バチを気球に吊り下げて少しずつ上昇させ,それに対する雄バチの行動を観察した.地上4～5mまで吊り上げても,この女王に対して雄バチは何の動きも示さなかったが,地上9～24mの範囲に達すると,その風下50m以内の雄バチの多数がとびたって,女王を追跡した.しかし,これらの働きバチは,地上近くなるまでひき下げられると,分散してしまった.女王がこのように交尾の対象として雄バチの追跡をうけるには,空中のある高さに到達する必要があるが,その原因はよくわかっていない.

3.2 鳥類の配偶行動

成熟した雌雄のジュズカケバトを一緒にすると,雄は体を水平にし,翼の先端を少し下げ,首と腰の羽毛を少しふくませながら雌を追い(chasing),雌は逃げる.雌が隅に追いこまれて逃げられなくなると,雄は低く鳴きながら(cooing),おじぎをくり返す(bowing).このchasingとbowingをくり返した後,雄は雌から離れ,頭や腰の羽毛をふくらませゆっくり歩き(strutting),あるいは立ち止まって羽づくろいをする(preening).ついで雄は巣台あるいは巣のつくれそうな隅を見つけ,巣への勧誘(nest soliciting)を行う.このような一連の求愛行動が1～2日くり返されると,雌の受け入れ体制がととのい,そのような時期に雌がかがむと雄がマウントし,交尾が完了する.

雄が鳴く行動は,直接的には性行動に結びつかないが,縄ばり行動であり,雌を誘引する生殖行動である.繁殖期に多く聞かれるlong callの回数は,テストステロン投与により増加する.

3.3 哺乳類の生殖行動

哺乳類の生殖行動は一般的に,次の5段階に分類できる.まず異性に接近す

るまでの第一段階，交尾という第二段階，妊娠，授乳という第三，第四段階を経て，親のもとを去るという第五段階である．

第一段階では，まず自己の種を認識する必要がある．モルモットは尿によって種を識別することが知られており，それ以外にも，自己の種に対する臭いによる嗜好性が認められている．この嗜好性は生まれつき備わったものではなく，生後獲得するもののようである．しかも個体の比較的初期，つまり性的成熟に達する以前の経験が重要な働きをしている．例えば，マウスはラットに育てられると，里親と同じ種の動物をマウスより好むようになる．

雌雄の識別は，雄から見れば発情雌と非発情雌の識別の問題である．ブタ，イヌ，ラット，マウスでは，発情雌と非発情雌を同時に与えた場合に，発情雌にひかれていることが確かめられている．雌のラットの雄のラットに対する嗜好性は，発情周期と性経験に関与し，発情雌は性経験の有無にかかわらず去勢雄より正常雄を好むが，非発情雌は性経験をもつ個体のみに同様な嗜好性が認められる．マウスでの嗜好性については初期経験が関与するらしく，種の臭いは母親から受けつがれるのに対して，異性に対する嗜好性の獲得には，雄の臭いを2～3週齢の頃に経験することが必要であり，臭いの経験のない場合には，正常雄よりも去勢雄を好むようになる．

一方，動物は性的パートナーを決定するときに，近親交配をさける．雌マウスが父親同居のもとで授乳期間を過ごすと，他の系統の雄マウスを成熟後好むようになることを，Mainardi ら(1965)は見いだした．また，Gilder と Slater (1978)は，父母同居のもとで育てた場合，雌マウスが同腹の兄弟ならびに異系統の雄よりも同系統の血縁のない雄を好むことを報告している．ここでは哺乳類の性行動の実験に最もよく用いられているラットの交尾行動について述べる．

⦿ ラットの交尾行動

1) ラットの交尾行動パターン　　ラットの交尾行動は，図3.1に示したようないくつかの典型的な行動で構成されているが，実際にはこのような交尾行動が始まる前に，雄，雌双方に特徴的な行動が見られる．交尾経験のある雄ラ

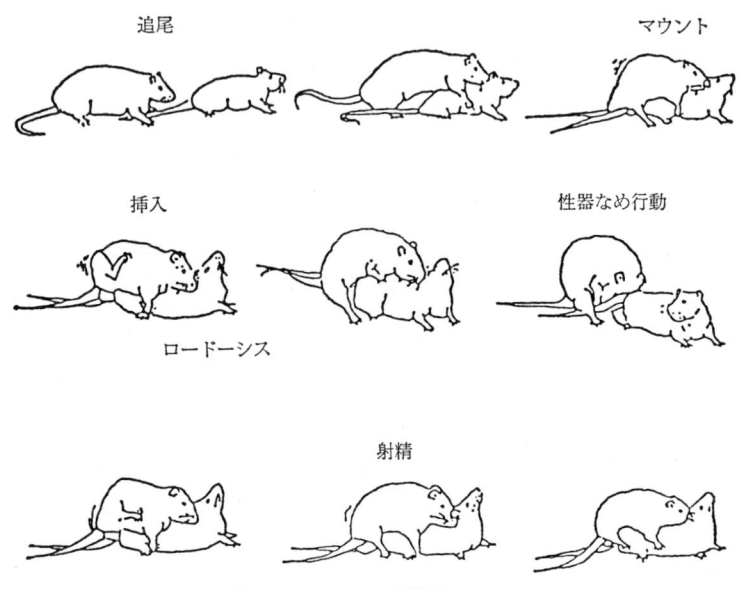

図 3.1 ラットの交尾行動パターン
左側の大きい方が雄．性的に活発な雄は発情した雌と同居すると，雌を追尾し，間欠的にマウントをくり返し，射精を迎える．マウントには，骨盤スラストだけでペニスの挿入を伴わない単なるマウント，ペニス挿入を伴うマウント，挿入後射精を伴うマウントの3種類があり，それぞれ運動パターンが少しずつ異なるので，肉眼的に区別できる．雄のマウントに対して雌は脊柱を背屈させ，臀部を挙上するロードシスとよばれる特徴的な受容姿勢をとる．

ットの場合には，発情した雌と同居するとすぐ，雌の会陰部とその周囲の臭いを嗅いで探索する．これにより，雄は雌が発情しているかどうかを識別していると考えられる．また，雄ラットは雌の体に自分の体をこすりつけたり(Dewsbury, 1967; Meyerson と Hoglund, 1981)，雌の体の上を通ったり，下をくぐり抜けたりすることによって，尿による匂いづけをしているといわれている(Selmanoff ら，1977)．一方，発情した雌は雄の行動に対して，ぴょんぴょんはねまわる hopping や急速に突進する darting という特徴的な歩行パターンで雄から素早く離れる．雄はこのような雌の行動に反応して，雌を追尾し，さらに探索を続ける．雄が追尾に失敗してそれ以上雌の探索を行わないと，雌は雄に近づき，脇腹をそっとつついて雄の行動を喚起しようとする(McClintock と

Adler, 1978). これらの雌の行動は，交尾経験のない雄や不活発な雄に，マウント行動を誘発するのに特に重要である(MadlafousekとHlinak, 1983). また，このような探索期間中には，雌雄双方に超音波発声が認められるが(GeyerとBarfield, 1978; Geyerら, 1978; NybyとWhitney, 1978; ThomasとBarfield, 1985)，これはパートナーと自分自身の興奮性を高める効果をもつといえる．しかし，実際の交尾に先だってこれらの行動がないと互いにパートナーから適切な刺激が得られないので，それに基づいて生じる行動の連鎖が断ち切られて(Cheng, 1983)，交尾が生じなくなる．あるいは，雄は性的に覚醒していても，雌を適切な交尾対象として認識できないのかもしれない．

上述したような探索が何回かくり返された後，雄は雌を追尾してその腰部に乗りかかり，骨盤をスラストさせる(マウント)．スラスト直前からスラストの間中，雄は両方の前肢でメスの側腹部をつかみ，雌の皮膚に触刺激を与える(palpating)．雌はその刺激に対して，反射的に脊柱を弓なりに背屈させ臀部を挙上する姿勢(ロードーシス)をとる．この受容姿勢によって雄は陰茎を雌の腟に挿入することができる．齧歯類の交尾行動を対象とした研究では，palpatingやスラストを伴わないマウントは，不完全なマウントと記述することが多い．マウントには陰茎の挿入を伴わない単なるマウント，陰茎の挿入を伴うマウント，射精を伴うマウントがあり，それぞれ動作パターンが異なる．

ラットをはじめとする多くの齧歯類では，1回ごとの挿入の持続時間は200〜400ミリ秒と非常に短く(Bermant, 1965)，射精に達するまでに挿入は間欠的に何回も生じる．雄が挿入を試みるとき，雌はただ受動的にそれを受け入れるのではない．雌が雄から離れて素早く移動する行動は，前述のように雄のマウントを誘発し，また雄が雌を正しく定位するのに役立っている(MadlafousekとHlinak, 1983; McClintockとAdler, 1978)．ハムスターの雌はロードーシスにより雄の挿入を受け入れるだけでなく，会陰部をスラストしている陰茎に向けて動かすことが知られている(Noble, 1979; 1980)．このような調整がないときには雄の挿入達成率は著しく低下する．

齧歯類などの小動物では挿入そのものを観察することは困難であるが，それ

に付随した全身的な骨格筋運動パターンはたやすく他のパターンと区別できる．したがって，ラットなどでは"挿入"ということばは，実際にはその運動パターンの出現をさして使うことが多い．

挿入直後には射精の有無にかかわらず，雄は性器をなめる(genital grooming)．しかし，挿入を伴わないマウントの後にも genital grooming は頻発するので(Sachs, 1988)，genital grooming は挿入の有無の指標とはなりにくい．挿入と次の挿入の時間間隔は齧歯類では一般に 30〜90 秒であるが，この間雌がそばにいても雄は雌に対する行動を示さない．

挿入を間欠的に十数回くり返した後，雄は射精に達する．このとき，臀部，後肢，前肢，会陰部などの骨格筋の痙攣性収縮が随伴する．雌でも適切なホルモン処置をすると骨格筋性の射精パターンを示す(Barfield と Krieger, 1977; Emery と Larsson, 1979)ので，実際の射精と射精パターンの区別が必要である．

射精後には genital grooming が生じ，それから不活発な時期に入る．この期間は射精後不応期とよばれ，ラットで数分，他の種では数時間，数日に及ぶものもある(Dewsbury, 1972)．ラットの不応期は前半約 2/3 の絶対不応期，後半約 1/3 の相対不応期に二分され(Beach と Holz-Tucker, 1949)，絶対不応期には性的刺激に無反応であるばかりか，他の刺激にも応答しない(Beach と Holz-Tucker, 1949)．不応期初期には，通常では飛び上がって逃げる強度の電気ショックを与えても，ほとんど皮膚の痙攣は生じない(Barfield と Sachs, 1968; Pollak と Sachs, 1975; Sachs と Barfield, 1974)．絶対不応期中はロコモーションもせず(Dewsbury, 1967)，じっとして寝ているように見え(Boland と Dewsbury, 1971)，睡眠様脳波が出現する(Barfield と Geyer, 1975; Kurtz と Adler, 1973)．しかし，雄はただ何もしていないのではなく，不応期前半の 50〜75％の期間 22 kHz の超音波を出している(Barfield と Geyer, 1972; 1975; Sachs と Barfield, 1974)．

不応期が終わると，雄は再び，マウント，挿入をくり返し，射精に至る．制限を加えなければ，このような射精シリーズを5回以上も行って，やがて性的

飽和の状態となり，発情した雌が同居していても交尾を行わなくなる．

2) **交尾行動の測定** 交尾行動を腹側方向から観察したり(Diakow, 1975; Peirce と Nuttall, 1964)，高速度フィルムあるいはビデオ記録する(Bermant, 1965; Diakow, 1975)ことによって，ラットの交尾の骨格筋性の動作と性器反応との相関が正確に把握できるようになった．図3.2はラットの交尾行動を腹

図 3.2 腹側方向から観察したラットの交尾行動(Adler と Bermant, 1966)
ビデオの一つの画面からトレースしたもので，膣外射精の瞬間を示している．雄は前肢で雌の腹部を強くつかみ，最大の陰茎勃起が生じており，陰茎先端は膨らんだカップを形成している．通常は射精は膣内で生じ，膣外射精はまれである．

側方向から観察した一例である．その他にも，雄と雌の性器が接触したら，電気回路が形成されるようにして，挿入をより客観的に判断したり(Bermant, 1965; Carlsson と Larsson, 1962; Peirce と Nuttal, 1964)，挿入が起こったら陰茎が染まるように膣に色素を入れておいたりする方法(O'Hanlonら, 1981)も開発されている．また，雄の背中に加速度計をつけ，マウント中のスラストパターンの分析が行われている(Beyer ら, 1982; Beyer ら, 1973; Moraliら, 1986)．

雌ラットの交尾行動を定量的に測定する際には，雄のマウントに対して雌がどれだけの割合でロードーシスを示したかというロードーシス商(LQ)を算出することが多い．実際の雄のマウントの代わりに，後述するように検者が手で雄のマウントを模した触刺激を雌の後半身に与えて，その刺激に対するロード

ーシスの出現率を測定することもある.このロードーシス商は雌の性的受容性を客観的に評価するには都合のよい指標であり,多くの研究者が採用しているが,性的動機づけの強さなど,受容性以外の雌の交尾行動の側面をしらべる一般的な方法は確立されていない.一方,雄の交尾行動の指標としてさまざまな値が測定されているが,これらの指標と性的動機づけや交尾遂行の間には必ずしも単純な関係はない.また,雄の交尾行動の指標を,雄中心に評価することは危険である.例えば,射精までの潜時や挿入間間隔の短縮は,一般に雄の交尾行動の促進を表すと考えられているが,雌の受胎確率をあげるためには,射精までの潜時や挿入間間隔が十分になければならず(Adler, 1969),雄の交尾のタイミングが速くなっても生殖能力を高めることにはならないからである.

雄ラットの交尾行動を定量的に記述するために,図3.3に示したようないくつかの指標が計測される.

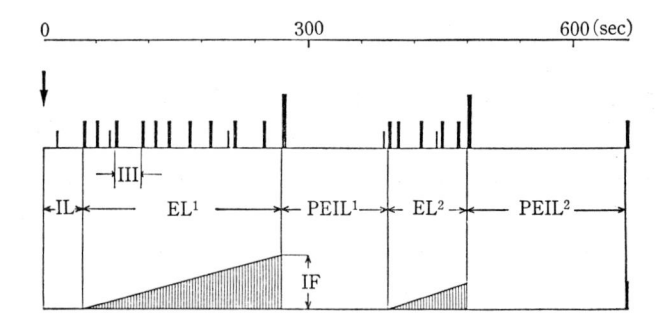

図 3.3 雄ラットの交尾行動を表す各指標
横軸は時間軸,矢印は雌の導入時点を示す.最も低く細いバーは挿入を伴わない単なるマウント,中くらいのバーは挿入,最も高く太いバーは射精を示す.下段の三角形の高さは挿入回数を示す.この模式図では交尾第2シリーズまで描いてある.
IL:挿入潜時, EL:射精潜時[EL=IF×mIII], PEIL:射精後挿入潜時,
IF:挿入頻度, III:挿入間間隔, mIII:平均挿入間潜時[mIII=EL/IF]

(1) マウント潜時(ML: mount latency)
(2) 挿入潜時(IL: intromission latency)

雌との同居からマウントや挿入までの潜時(ML, IL)は,雄の勃起能力や雌の受容性と無関係なので,一般に性的動機づけをより直接的に表す指標と考え

られている．

(3) マウント頻度(MF：mount frequency)

1回の射精までのマウント回数(MF)や一定時間あたりのマウントの回数が測定されるが，この指標は性的動機づけの上昇，陰茎の感受性や勃起能力の低下，雌の受容性の減少などにより増加する．

(4) 挿入頻度(IF：intromission frequency)

ラットなどのように，射精前に何回も挿入が起こる動物では，挿入頻度は射精閾値を反映する指標と考えられている(Beach, 1956)．マウント回数と挿入回数の相対的な比はヒット率とよばれ，雄の勃起能力や陰茎の感受性に敏感な指標である．この指標は，雌がいかに交尾に協力的であるかによって変化する．例えば，雌が臀部を高く持ち上げたりすると，雄は挿入できずヒット率は減少する．

(5) 挿入間間隔(III：interintromission interval)

挿入間間隔は，各挿入後の短い不応期から雄を再覚醒させるのに必要な動機づけの指標(Beach, 1956)と考えられている．しかし，挿入間間隔は雄が一方的に雌に働きかけて決まるのではなく，むしろ雌が積極的にdartingなどの誘惑行動を行うことにより，雄が交尾して決まる場合が多い(MadlafousekとHlinak, 1983)．挿入間間隔と後述の射精後不応期は高い相関を示す(Dewsbury, 1979)．

(6) 射精潜時(EL：ejaculation latency)

1回目の挿入から射精までの時間(EL)と，上述した射精までの挿入回数(IF)が射精閾値を評価する指標(Beach, 1956)として採用される．また，一定時間以内に生じた射精回数や，マウントが30〜60分生じないことを基準として定めた性的飽和に至るまでの射精回数を測定することもある(BeachとJordan, 1956; Bermantら, 1968; Dewsbury, 1968)．

(7) 射精後マウント潜時(PEML：postejaculatory mount latency)

(8) 射精後挿入潜時(PEIL：postejaculatory intromission latency)

射精後マウント潜時(PEML)や射精後挿入潜時(PEIL)が用いられる．ラッ

トなどでは，不応期中の超音波発声の開始と持続時間を計測し，超音波発声期間を絶対不応期と定めている(BarfieldとGeyer, 1975; KarenとBarfield, 1975)．

　以上のような指標は，単に雄の内的状態によって決まるのではなく，交尾テストの状況によって変化するので，注意が必要である．雄の交尾行動は1日の中での時間帯(Dewsbury, 1972; HardとLarsson, 1968; Harlanら, 1980)，テスト箱の大きさ(Caggiula, 1972)，テスト箱への馴化時間(Beach, 1976)，相手の雌が初めて出会った雌であるか否か(BartosとTrojan, 1982; Bermantら, 1968; Dewsbury, 1981), 覚醒刺激(BarfieldとSachs, 1968; BeachとRansom, 1967; Caggiula, 1972; Crowleyら, 1973; GoldfootとBaum, 1972; Larsson, 1963; PollakとSachs, 1975; Sheffieldら, 1951)などに影響される．

4. ホルモンと生殖

4.1 ホルモン

　ホルモンは,からだの特定の器官でつくられ,血行を介して遠くの臓器の働きを調節しているが,神経伝達物質はシナプスや神経筋接合部というせまい間隙を移動することによって効果を現す.また,ホルモンは,長い潜時でしかもからだの広範囲に作用するが,神経伝達物質は局部的に直接的な生理作用を及ぼす点で異なっている.

　しかし,両者は,ともに受容体に働きかけることによって機能する.したがって,受容体はホルモンや伝達物質の移送や仲介に必須である.ホルモンの場合,ホルモンの化学構造の違いによって,少なくとも二つのタイプの受容体が用意されている.

　性ホルモンの素材はコレステロールであるが,卵巣,精巣などの内分泌器官は,酢酸を原料としてコレステロールを生合成する能力をもつとともに,肝臓でつくられたコレステロールを取り込む.性ホルモン産生細胞の中では,まずコレステロール(炭素数27)の長い側鎖を側鎖切断酵素に切断してプレグネノロン(炭素数21個)をつくる.精巣ではさらに炭素数が2個減少してアンドロゲン(炭素数19個)が,卵巣ではそのアンドロゲンのA環に芳香族化をうけてエストロゲン(炭素数18個)がつくられる.黄体ではプレグネノロンは化学的変化をうけ,プロゲステロンが形成される.

　精巣では黄体形成ホルモン(luteinizing hormone; LH)に対する受容体は間

細胞に,卵胞刺激ホルモン(follicle stimulating hormone; FSH)に対する受容体は精細管の支持細胞にのみ存在する.したがって,LH は間細胞に作用しアンドロゲンの合成と分泌を促進し,FSH は支持細胞に作用し精子形成を維持している.精巣の間細胞より分泌される主要なアンドロゲン(90%以上)はテストステロンである.

卵巣ホルモンの分泌も LH, FSH の調節をうける.LH は内卵胞膜細胞に作用して,アンドロゲンと少量のエストロゲンを分泌させる.このアンドロゲンは卵胞液に入り,顆粒細胞でつくられるエストロゲンの原料となる.FSH は顆粒細胞に作用して芳香族化酵素の活性を高め,卵胞膜細胞で合成されたアンドロゲンを芳香族化してエストロゲンを分泌させる.排卵後,顆粒細胞より変化した黄体細胞は,LH の刺激をうけてプロゲステロンを分泌する.エストロゲンにはエストラジオール,エストロン,エストリオールの3種があり,作用はエストラジオールが最も強い.

ステロイドホルモンが働く場合はホルモンが細胞膜を通過して,細胞内に入り,ホルモン-受容体複合を形成する.この複合体によってステロイドホルモンの効果が発揮され,蛋白合成のような過程を直接ひき起こすことになる.合成された蛋白質はゆっくりした,しかも持続的な生理的効果を起こすことになる.

一方,副腎髄質や下垂体でつくられるポリペプチドや蛋白質を含むアミノ酸由来のホルモンは,細胞表面にある受容体と結合し,いわゆる second messenger (cAMP)とよばれるものをつくる.cAMP が細胞内代謝を変えることによってホルモン効果が現れるようになる.この場合のホルモンの働きは急速に現れるがそれほど長続きはしない.

一般に,ホルモンの分泌量はフィードバック機構によって制御され,そのホルモン自身の合成や分泌,代謝が制御されている.ホルモンは内分泌器官から分泌されて働くこともあればその前駆物質がまず分泌され,それが脂肪組織や肝臓で活性化されてから働く場合もある.例えばテストステロンは脳組織でエストロゲンに転化されて効力を発揮する.

ホルモンの働きは、それと結合する蛋白質の有無によっても影響される．ステロイドホルモンはグロブリンとの結合の有無によって影響をうけ，無結合のものは働き出す潜時が短い．

4.2 中枢神経系と下垂体

脳は内分泌機構の制御と統合にきわめて重要な役割を担っている．下垂体，および種々の内分泌系の末梢標的器官は，視床下部および辺縁系からの神経内分泌因子によって支配されており，視床下部や辺縁系は，明暗周期，気温，ストレス，他個体などからの外来刺激をうけると，内分泌系を介して身体内部環境の調整をはかっている．

下垂体前葉ホルモンの分泌は，下垂体門脈系を経て下垂体前部に達する促進または抑制ホルモンによって制御されている．視床下部由来のホルモンはこの門脈に分泌され下垂体前部に達するので，下垂体ホルモンの合成や分泌を抑制したり促進したりする．

4.3 生殖系に対するホルモン作用

生殖に関与する内分泌器官は，雄では精巣，雌では卵巣である．化学構造的には両者ともよく似たステロイドホルモンを産生するが，ホルモン分泌濃度と分泌パターンは雄と雌とでは異なっており，その働き方の違いによって性器の構造や性機能の相違をひき起こしている．性腺ステロイドホルモンは身体の全組織に循環するが，外性器，内性器，下垂体，辺縁系にはステロイドホルモン受容体をもつニューロンが集中するので，特にこれらの部位に強く影響を与える．

a. 雄ホルモンと精子形成

雄の性腺ステロイドホルモンは，精巣のライデッヒ細胞内で合成され，合成される主要なアンドロゲン（男性ホルモン）はテストステロンであるが，ジヒドロテストステロン(dihydrotestosterone)を含むアンドロゲンやエストラジオール，エストロンを含むエストロゲンも含まれている．

テストステロンの生合成は、ライデッヒ細胞の膜にある受容体に下垂体からのLHが作用することによって制御されている。LHが作用すると、AMP, protein kinase が産生され、ステロイド前駆物質からアンドロゲンが合成される。そのアンドロゲンはフィードバック機構によって脳からのLH分泌を抑制または促進することにより、アンドロゲンの血中濃度を一定に保っている。アンドロゲンは、性器の発達と維持、精子形成および雄の性行動に必須である。

雄に認められるエストロゲンは、精巣から分泌されるものと、いわゆる芳香族化(aromatization)といわれていて精巣外でテストステロンからエストロゲンへ転化してできたものと2通りがある(図4.1)。エストロゲンの雄における働きはよくわかっていないが、雄の性行動の賦活にかかわっているという報告もある。

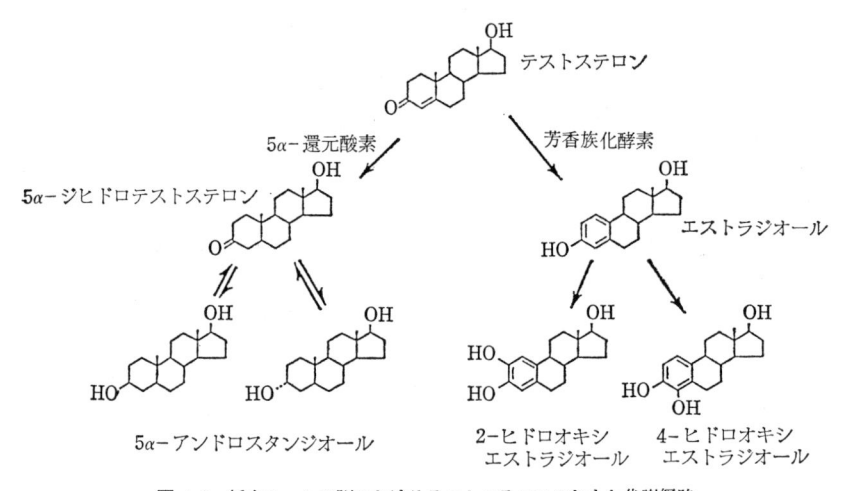

図 4.1 新生ラットの脳におけるテストステロンのおもな代謝経路

FSH 分泌は、インヒビンという精巣由来の因子により抑制をうけている。インヒビンはLHの産生の調節にはあまり関与していない。

プロラクチンはLHのライデッヒ細胞への働きかけを高める作用がある。ドーパミンは雄の性行動を賦活し、プロラクチン抑制因子の働きをもつことが示唆されている。

b. 雌の生殖機能

卵巣は卵子の生成とステロイドホルモン分泌にとって必須である．卵巣の機能は，性腺刺激ホルモンであるFSHとLHによって統制され，プロラクチンによっても影響をうける．卵巣由来のホルモンにはエストロゲンとプロゲステロンがあるが，前者の主要なものはエストラジオール，エストロン，エストリオールである．

4.4 生殖リズムとホルモン

動物は周期的に発情し交尾する．ラットでは4～5日，ウマでは360日，サケでは平均4年と，その周期は種によって異なっている．一般に，温血動物では，新生仔の生存に適するように春から初夏にかけて出産するから，出産期から妊娠日数だけさかのぼった時期に発情期が訪れて交尾することになる．

生殖活動は動物の種類により限られた時期にしか認められない．性成熟後，死ぬまでに1回しか生殖活動を行わないものもあるし，何回も行うものもある．前者の動物の生殖リズムは一生が1周期となるが，後者の動物では生殖活動を行う期間と行わない期間が周期的に現れることが多い．1年のうち一定の時期に限って生殖活動が見られる動物ではその繁殖季節の間中発情状態にあるウサギのような例もあるが，スズメやツバメのように生んだこどもを世話する期間が短い種類の動物では，こどもを産むと再び交尾して妊娠し，同じ繁殖季節に何回も生殖活動を行う．

哺乳類の雌では繁殖季節の間に卵巣の中で卵胞が周期的に成熟して周期的な排卵が起こり性周期を形成する．性周期は哺乳類に特有であり，動物の種によって異なるが妊娠が成立しない限り持続し，妊娠とともに一時停止をする．繁殖季節の到来は，日照時間の長短，気温など環境要因に基づくと思われるが，哺乳動物の性周期リズムの到来は，環境要因よりも遺伝に基づくホルモンや神経内分泌機構など内因性の機序が重要な役割を果たしている．

4.5 月経周期とホルモン

霊長類の雌では，周期的に子宮内膜の脱落が起こる．これが月経である．月経がくり返し生ずる周期は20〜40日とばらついているが，平均は28〜29日である．28日周期の雌では，月経開始後約14日目に排卵が起こる．月経終了後排卵までの時期を卵胞期とよぶが，この時期には卵胞由来のエストロゲンが徐々に増加する．排卵時期にはプロゲステロンレベルが増加し，排卵後の卵胞は黄体となる．排卵後，次の月経が起こるまでの期間を黄体期とよぶが，この時期にはプロゲステロンとエストロゲンのレベルはともに高い．エストロゲンとプロゲステロンは肥厚した子宮内膜の保持に必要であり，これらのホルモンレベルが減少すると内膜は脱落して月経が始まる（図4.2）．

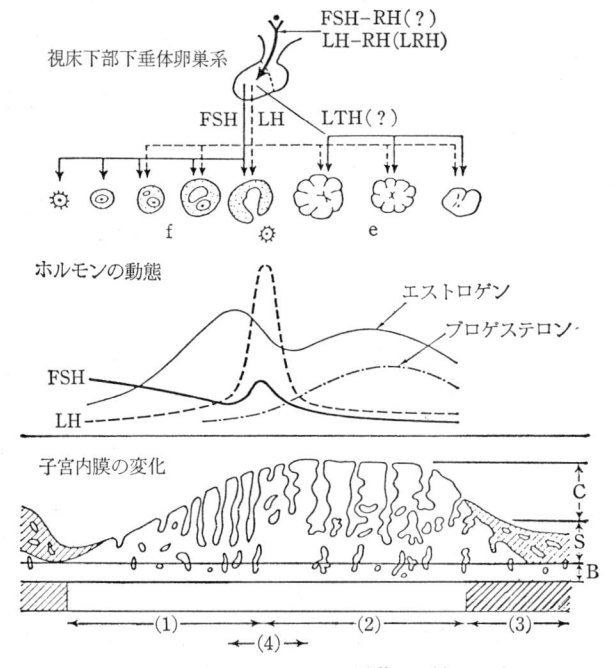

図4.2 月経周期のなりたち（東條と西村，1991）
(1) 増殖期，(2) 分泌期，(3) 月経期，(4) 排卵期．
C: 緻密層，S: 海綿層，B: 基底層，f: 卵胞，e: 黄体．

4.6 排卵の神経内分泌機序

a. 自発排卵

哺乳類の雌では性周期の前半に FSH と LH の影響をうけて濾胞が成熟するにしたがってエストロゲンの分泌が増加する．エストロゲンは視床下部に働いて LH の急激な大量分泌（サージ）をひき起こし，排卵が起こる．黄体起原のプロゲステロンはエストロゲンの増加期は分泌されないから，LH 分泌を抑制する作用をもつプロゲステロンの分泌停止が LH 分泌増加をもたらすのである．エストロゲンの増加は LH のサージをもたらすとともに，視床下部を含む関連領野を賦活して動物に発情を促すから，交尾が排卵期に生じて妊娠の可能性を大きくしている．血漿エストロゲンは受胎可能期中に急減するが，発情はひきつづき起こる．排卵後黄体が形成されプロゲステロンが分泌される．プロゲステロンは発情期を終わらせゴナドトロピン分泌も抑制する．黄体は妊娠しないと消滅し，プロゲステロン分泌も減少する．その結果ゴナドトロピンとエストロゲンのレベルは上昇してきて，次の性周期に入る．

b. 反射排卵

ネコ，ウサギの類では自然排卵はなく，発情期に行われた交尾によって排卵が誘発される．交尾後 12 時間以内に LH のサージがあり，26〜58 時間に排卵が起こる．交尾後エストロゲンは急激に減少し，3〜4 日後にはプロゲステロンが増加してくる．プロゲステロン増加時まで受胎期間が持続するから交尾刺激がくり返され，そのために受胎の可能性が高まる．

c. 排卵と LH 放出ホルモン

排卵は上述のように脳下垂体前葉から分泌される LH が重要な役割を占めるが，正中隆起を破壊したり，脳下垂体柄を切断したりして下垂体の前葉を下垂体門脈系から分断すると，前葉からの性腺刺激ホルモンの分泌は停止する．その理由は，性中枢がある視床下部に LH 放出の指令を出す LH 放出ホルモン（LH-releasing hormone; LH-RH）産生ニューロンがあり，LH-RH が下垂体門脈系を介して体液的に LH 分泌を促すからである．LH-RH 産生ニューロンは弓状核および中隔部から視索前野や前視床下部にわたる広い領域に分布し，

その神経終末は正中隆起に集中している．ラットでは内側視索前野や前視床下部を破壊したり，内側視索前野と内側底部視床下部の間の線維結合を切断すると排卵が見られなくなることから，視索前野から内側底部視床下部にわたる部分に排卵誘発に関与する神経機構が存在すると思われる．

雌ラットを暗期のない連続照明下で飼育したり，概日性リズムを発信している視交叉上核(suprachiasmatic nucleus; SCN)を破壊すると，性周期が消失し無排卵となる．したがって，自然排卵ではLHサージに先立って，濾胞から分泌されるエストロゲンによって視索前野の感受性が高まったときに，SCNからの促進性の信号をうけ，排卵誘発に関与する神経回路のゲートが開かれてLH-RH分泌が生じるのであろう．反射排卵では子宮頸部からの刺激が脊髄・脳幹を上行し，一度視索前野や前部視床下部に到達したのち，視索前野・内側底部視床下部に中継されるものと思われる．

排卵のタイミングは，LHのサージによって制御されているが，LHサージは視床下部にあるLH放出ホルモンの放出がひきがねとなって起こる．ステロイドホルモンは，このひきがねがおちないように働きかけるので，避妊薬として用いられている．排卵の時期は，月経周期と同様に変動しやすく，ストレスなどの影響で排卵が起こったり，逆に抑制されたりすることがある．

5. 性行動とステロイドホルモン

5.1 ステロイドホルモンの作用機序

標的器官に特定のホルモンが作用して特定の効果を及ぼすためには，標的器官に特定のホルモン情報だけをよみとる機構，つまり受容体の存在が必要であるが，受容体の存在場所はホルモンによって異なる（図5.1）．

脳細胞にステロイドホルモンが作用する機序には4.1でふれたように二通りあり，細胞膜に直接作用する場合と，膜を通過して遺伝子に作用し，特定蛋白質を形成することによって間接的に作用する場合がある．前者の場合，ステロイドホルモンはシナプス前または後膜に作用して，神経伝達物質やその前駆体の透過性を変化させたり，伝達物質受容体の機能を変化させる．後者の場合には，ホルモンが脳の特定細胞内に存在する巨大分子の受容体蛋白質と結合することによって遺伝子を介した新しい蛋白質が合成され，それらが軸索または樹状突起で運搬され，シナプス前または後での事象に関与する．ステロイドホルモンの膜作用は短時間に行われ，膜電位の変化はミリ秒で発現し，その作用はきわめて短い時間に終わるのに対し，間接作用は発現までに数十時間を要しかつ長時間持続する．

ステロイドホルモンを投与すると視索前野・視床下部のニューロン活動が変化する．エストラジオール投与によって生ずるミリ秒単位の膜電位の変化は膜の脂質流動性の変化によるものと考えられており，それより遅い分から時間単位で見られる変化は，遺伝子活性化を介するものと考えられている．

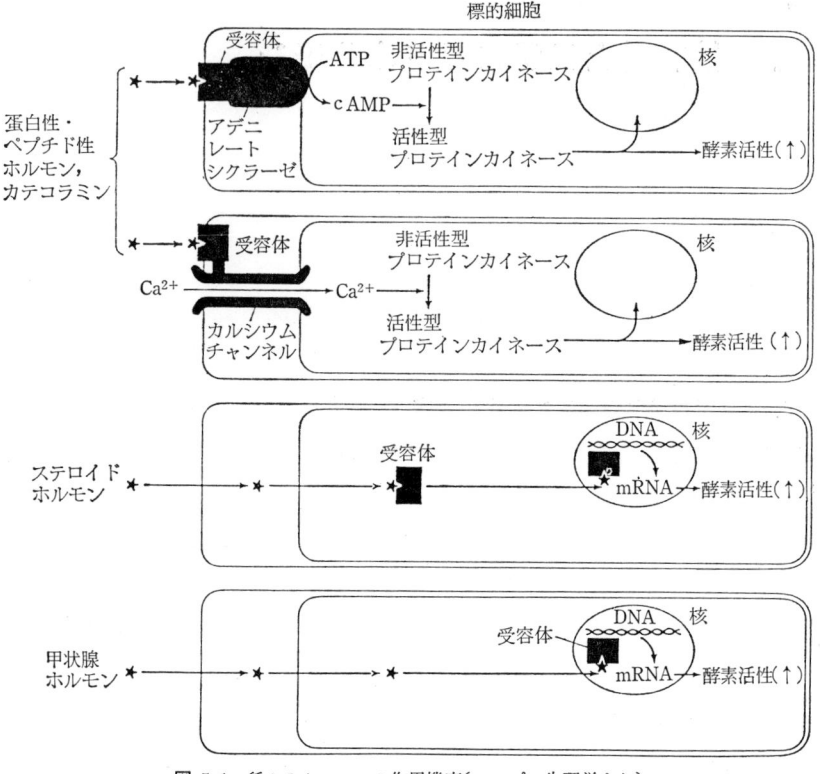

図 5.1 種々のホルモンの作用機序（シンプル生理学より）

5.2 脳内ステロイドホルモン受容体

a. エストロゲン

　トリチウムでラベルしたエストラジオールを脳内に注入して，放射活性の高い細胞体の分布をしらべると，雌齧歯類の脳では辺縁系および視床下部の特定領域の細胞に高濃度にエストラジオールが集中していることがわかっている（図 5.2，5.3）．エストロゲンは内側視索前野，視床下部前部内側部，視床下部腹内側核，弓状核，腹側乳頭前核に高濃度に存在する．辺縁系では，扁桃体内側部と皮質部，外側中隔，量は少ないが腹側海馬にも集積している．このエストロゲン集積系のつながりは後方の中脳へ達しており，中心灰白質の腹外側

部および背外側部にもエストロゲンの集積があるこのような分布パターンは多くの種に共通しており，内側視索前野，漏斗核，内側扁桃体や外側中隔などの辺縁前脳系ならびに視蓋以下の中脳の脳室周囲に存在する．

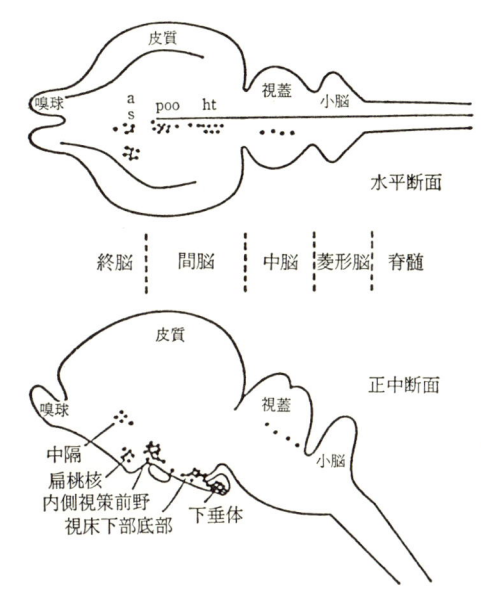

図5.2 一般化した中枢神経系におけるエストロゲンおよびテストステロン集積ニューロンの分布 (Pfaff, 1980)

黒点：ステロイド集積ニューロン群．a：扁桃体，ht：正中隆起部核群，poa：視索前野，s：中隔．

これらのエストロゲンの濃度が高い部位は，エストロゲンに依存した行動変化と関係する部位や下垂体ゴナドトロピン制御と関連する部位である．

b. アンドロゲン

オートラジオグラフィー法により(Sar と Stumpf, 1973)，ラットのテストステロン受容体は，内側視索前野，分界条床核，外側中隔に多く，視床下部前部には少ないことが明らかにされている．扁桃体では内側核，皮質核に多く，他の核にはほとんどない(図5.4)．

テストステロンが転換して生じるジヒドロテストステロンのオートラジオグラフィーは，本質的にテストステロンの場合と同じである(Sar と Stumpf, 1977)．このような受容体分布パターンの一致から，テストステロンからジヒドロテストステロンへの転換が交尾行動においても重要な意味をもつと推測で

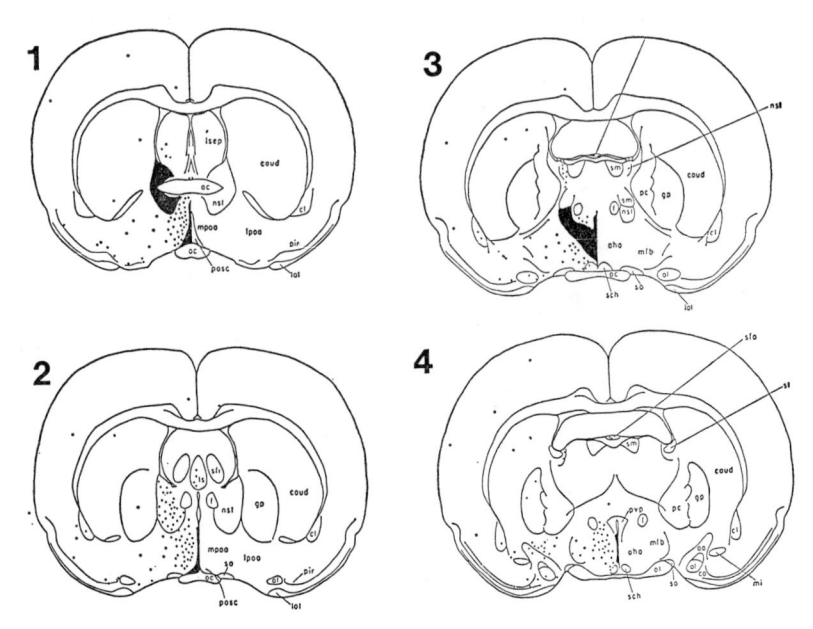

図 5.3 雌ラットの視索前野レベルから尾側に向かう連続切片 (1, 2, 3, 4) に認められたエストラジオール集積ニューロン (大きな黒点の分布) (Pfaff, 1980)
特にそのようなニューロンの集中している領域は黒色で塗りつぶした．切片によっては散在して小規模の集積を示すニューロンが認められた (小さな黒点)．

きる．

5.3 テストステロンの芳香族化

　脳の雄への性分化には男性ホルモンが臨界期に作用する必要があるが，エストロゲンを投与しても雄への性分化を誘導することができる．しかし，抗エストロゲン剤を与えておくと，エストロゲンによる脳の雄性化はブロックされる．テストステロンは，脳で芳香族化酵素によってステロイド核のA環が芳香族化され，エストロゲンに代謝されるが，本酵素はラットの脳では出生前1日に視床下部・視索前野や辺縁系に認められる．したがって，精巣から分泌されたテストステロンが，脳神経細胞内で本酵素によってエストロゲンに代謝され，そのエストロゲンがエストロゲン受容体と結合することによって脳の性分化が起

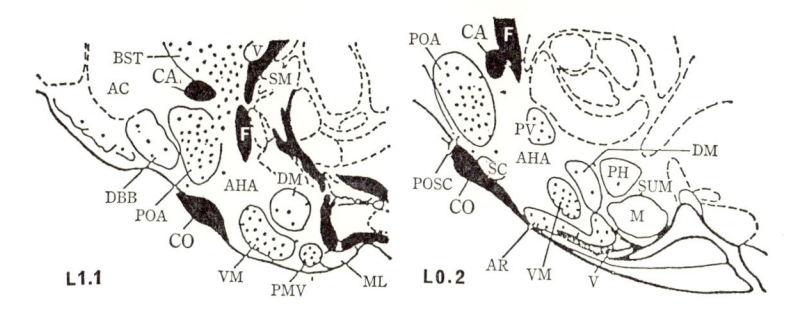

図 5.4 トリチウムラベルテストステロン 0.5〜1.0 μg 注入後1時間のオートラジオグラムの連続切片から再構成したテストステロン集積ニューロンの分布 (Sar と Stumpf, 1972)

黒点で集積ニューロンが集中している部位を示す．左は DeGroot のアトラスの L 1.1，右は L 0.2 のレベルでの矢状面．AC: 側坐核，AHA: 視床下部前部，AR: 弓状核，BST: 分界条床核，CA: 前交連，CO: 視交叉，DBB: ブローカの対角帯，DM: 視床下部背内側核，F: 脳弓，M: 乳頭体内側核，ML: 乳頭体外側核，PH: 視床下部後核，PMV: 乳頭前核腹側核，POA: 視索前野，POSC: 視索前野視交叉上核，PV: 視床下部室旁核，SC: 視交叉上核，SM: 視床髄条，SUM: 乳頭体上部，V: 脳室，VM: 視床下部腹内側核．

こるという仮説がある．実際，視床下部・視索前野や扁桃核では出生前2〜3日前にその受容体が認められ，出生直後に増加することから性分化の臨界期に脳のエストロゲン受容体があるのは確実である．以上のことから，テストステロンが芳香族化されたエストロゲンとなって性分化に寄与すると主張されている．しかし，芳香族化されないジヒドロテストステロンやアンドロゲンでも脳の男性化を起こしうること，ラットやハムスター脳の性分化が抗エストロゲン剤によっても阻止できないことなどから，テストステロンそのものの脳の性分化機構への関与を支持する根拠も報告されている．

さて，エストロゲンが脳の性分化を誘導するならば，胎生期における母親のエストロゲンは雄胎仔にも雌胎仔にも影響を与えるので，雌仔胎にも脳の男性化が起こる危険性がある．しかし，出生前から生後2週間くらいまでは，エストロゲンと特異的に結合する α-フェト蛋白質様の結合蛋白質が血中に含まれていて，これが母親からのエストロゲンや自己の卵巣からのエストロゲンの働きを中和して，脳をエストロゲンの影響から保護する役目を果たしていると考えられている．一方，アンドロゲンはこの結合蛋白質と結合しないので，血中

から神経細胞内に自由に入ることができる．アンドロゲンが細胞内で芳香族化されエストロゲンになって働くにしても，神経細胞に入るまではアンドロゲンであるので，脳の性分化の主役は精巣由来のアンドロゲンであろう．

テストステロンは中枢神経系内で芳香族化して，エストラジオールに転換する(LieberburgとMcEwen, 1977; Naftolinら, 1975; Roselliら, 1985; Selmanoffら, 1977). 雄の脳の多くの部位がエストロゲン受容体をもち(Lieberburgら, 1980; NordeenとYahr, 1983; OgrenとWoolley, 1976; Vitoら, 1983; WhalenとOlsen, 1978), その分布はテストステロンが芳香族化する部位よりはるかに広い(LieberburgとMcEwen, 1977; Roselliら, 1985; Selmanoffら, 1977)ので，脳内にはテストステロンの芳香族化とは無関係なエストラジオールの作用があることが示唆される．

5.4 性ホルモンの性行動誘発機構
a. 雌の性行動に関与するホルモン

多くの哺乳類において，雌の生殖行動はエストロゲンによって促進される(KelleyとPfaff, 1977). 卵巣摘出を受けた雌齧歯類に，エストロゲンに続いてプロゲステロンを投与すると，性的受容性を誘発することができる(Beach, 1948; Young, 1961). 標準的に採用されているのは，性行動テストの少なくとも48時間前にエストロゲンを注射し，性行動テストの2時間から6時間前にプロゲステロンを注射するという方法である．エストロゲン処置が数日間にわたって行われていれば，プロゲステロンがなくても，エストロゲンだけで卵巣摘出雌ラットの受容性を促進することができる(Davidsonら, 1968; Pfaff, 1970b). 通常の投与スケジュールでは，かなり多量のエストロゲンを単独投与したときにのみ，プロゲステロンがなくても受容性を促進することができる(KowとPfaff, 1975).

下垂体はステロイドホルモンによる性行動の誘発にとっては必ずしも必要ではない．というのは，エストロゲンやプロゲステロンは下垂体および卵巣摘出雌ラットにおいてもロードーシスの原因となりうるからである(Pfaff, 1970a).

また，LH や FSH などの下垂体ホルモンも齧歯類の生殖行動を促進する効果がない(Pfaff, 1970a; Moss と McCann, 1973).

前述したように，脳内には，エストロゲンを取り込むニューロンが局在しているので，これらの部位が雌の性行動の調節に関与していると考えられる．実際，エストロゲンの取り込みが高い内側視索前野にエストロゲンを植え込むと，卵巣摘除ラットのロードーシスが促進される(Lisk, 1962; 1972; Malsbury, 1974; Barfield, 1976). 視床下部前部基底部にエストロゲンを植え込んだ後，プロゲステロンを注射するとロードーシスが促進する．さらに，視床下部腹内側核にエストロゲンを植え込むとロードーシスが著明に促進される(Dörner, 1968; Barfield, 1976).

b. 雄の性行動に関与するホルモン

1) 性行動に及ぼす去勢の効果 去勢によって雄の性行動が減退することは古くから知られていた(Beach, 1981). 雄ラットを去勢すると，数日間は射精運動パターンが残るが，交尾パターンに明確な変化が生じ，挿入潜時が有意に延長してくる(Davidson, 1966a). 去勢の効果は種によって，あるいは個体間でも相違するが，早くて数日，長くて数週間以内に現れる．去勢から日数がたつと，射精能力は消失するが，一般に，射精，挿入，単なるマウントの順で行動が消失していく(Beach と Pauker, 1949; Davidson, 1966a). 図5.5 は去勢後の射精パターンの消失を表したものである．

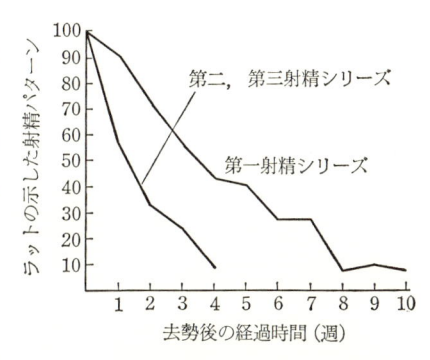

図 5.5 去勢後の交尾テストで射精パターンを示した動物の割合の継時的変化(Davidson, 1966)
第一射精シリーズは8週間で約10%に減少するが，第二，第三シリーズは4週間で約10%に減少する．

2) 性行動回復の効果 去勢による交尾行動の消失はテストステロン投与により逆転し，交尾行動が回復する(Beach と Holz-Tucker, 1949). この事実から，去勢によって交尾活動が減弱するのは，下垂体ゴナドトロピンの分泌増

加といった二次的な影響ではなく，実際にテストステロンが消失したためであることがわかる．

去勢から長期間経過した動物にテストステロンを投与すると，次第に交尾行動が回復してくるが，その順番は去勢による交尾消失の場合と反対で，挿入を伴わないマウント，挿入，射精の順に回復する動物が多い(Larsson, 1979)．このことから，これら3種のマウント行動にはそれぞれ別々のホルモン感受性機構があると推定される．

一方，去勢後すぐにテストステロンを処置すると，交尾を通常レベルに維持することができる(Davidson, 1966a)．交尾反応の維持には，おそらく神経や末梢組織が連続的にテストステロンによって曝露されることが重要なのであろう．去勢後時間がたって減弱した活動を再活性化させるには，より大きな入力が必要とされるものと思われる．

次に問題になるのは，テストステロンがそのままの形で交尾を誘発するのか，それとも代謝によりテストステロンから体内で生成されるステロイドが交尾活性化の原因となるのかという点である．

テストステロンの代謝産物であるアンドロステネジオンは，テストステロンと同様交尾を維持する効果があるが(Beyerら, 1973; Moraliら, 1974; Whalen と Luttge, 1971)，ジヒドロテストステロンにはこの効果はない(Baum と Starr, 1980; Beyerら, 1973; Feder, 1971; McDonaldら, 1970; Whalen と Luttge, 1971)．

テストステロンとアンドロステネジオンは，中枢神経系内で芳香族化してエストロゲンに転換するが(Roselliら, 1985)，ジヒドロエストステロンは芳香族化しない．エストロゲン受容体阻害剤(Beyerら, 1976; Luttge, 1975)や芳香族化を抑制するステロイド(Beyerら, 1976; Moraliら, 1977)はテストステロンの交尾行動回復効果を妨害するので，アンドロゲンからエストロゲンへの転換，特にテストステロンからエストラジオールへの転換が雄ラットの交尾賦活に必要だと考えられている(Christensen と Clemens, 1975)．これに対し，エストラジオールに転換しないアンドロゲン(ジヒドロテストステロン)は行動的に

は無効であると推測されている(Larsson, 1979).

しかし,最近の研究では芳香族化仮説の不備が指摘されている(Landau, 1980; Sodersten ら, 1985; Sodersten と Gustafsson, 1980; Yahr, 1979). ジヒドロテストステロンも行動的に効果のない少量のエストラジオールと複合投与すると,交尾を促進する(Baum と Vreeburg, 1973; Feder ら, 1974; Larsson ら, 1975). また,ジヒドロテストステロンは多くの種で交尾維持に有効であることが証明されている(Alsum と Goy, 1974; Clemens と Pomerantz, 1982; Cochran と Perachio, 1977; Michael ら, 1986; Phoenix, 1974; Pomerantz ら, 1983; Powers ら, 1985). いずれにしても,テストステロンがそのままの形ではなく,何か他のステロイドに転換して,交尾行動に効果をもつことは疑いなかろう.

3) **陰茎反射のホルモン調節機構**　　陰茎反射のホルモン調節機構に関しては,Hart(1968)がラットを対象として開発した交尾以外の場面での陰茎反射誘発法を用いて研究が行われている. 脊髄切断処置を受けた雄では,去勢後24時間以内に反射の減少が見られ,12日で最低レベルに達し,以後そのまま推移する(Hart ら, 1983). 脊髄正常雄では,陰茎反射の減少は去勢後4日続き(Meisel ら, 1984),反応潜時が有意に延長する.

去勢と同時にテストステロンを投与すると陰茎反射は維持されるが(Davidson ら, 1978; Hart, 1973; Meisel ら, 1984),このときに必要とされる血中テストステロン量は正常動物よりもかなり少ない(Davidson ら, 1978). このことは,正常動物では陰茎反射に必要な量よりもかなり多い量のテストステロンが血中に存在していることを示唆する. また,去勢後時間が経過した場合にも,テストステロンを投与すると,陰茎反射が次第に回復してくる(Gray ら, 1980; Hart, 1973; Hart ら, 1983; Rodgers と Alheid, 1972). 興味深いことに,テストステロンによる陰茎反射の回復は,交尾行動の回復に比べて非常に早い(Gray ら, 1980; Hart ら, 1983).

交尾行動の場合と同様,テストステロンは陰茎反射を賦活する必須物質とはいえない. テストステロンからジヒドロテストステロンへの転換酵素を抑制

すると,テストステロンによる陰茎反射促進効果が消失する(Bradshawら,1981). ジヒドロテストステロンは脊髄切断動物(Hart, 1973; 1979), 正常動物(Grayら, 1980)いずれでもテストステロンと同等量で陰茎反射を回復できる. 去勢時にジヒドロテストステロンを維持しておくと,陰茎反射も維持されるが(Meiselら, 1984), マウントを促進する効果はない(Grayら, 1980; Meiselら, 1984). このように,陰茎反射にはテストステロンの代謝により生じるジヒドロテストステロンが重要な役割を果たしている. 一方,エストラジオールには陰茎反射を維持する効果はないが(Grayら, 1980; Hart, 1979; Meiselら, 1984), 交尾行動を維持する効果はある(Meiselら, 1984).

4) 脳へのホルモン植え込み実験 脳への微量ホルモン植え込みを初めて試みた Fisher(1956)は,水溶性テストステロンを雄ラットの視索前野に植え込んだ場合に,交尾行動への効果が最も高いことを示した.

5) テストステロン Davidson(1966b)は去勢ラットの脳内各部位にテストステロンを植え込んで,交尾促進に有効な部位を調べた. 表5.1に示したよ

表 5.1 脳内各部位へ植え込んだテストステロンおよびコレステロールの交尾行動への効果(Davidson, 1966bより改変)

	個体数	有効テスト数						%有効テスト回数
		0	1	2	3	4	5	
テストステロン植え込み群								
視床下部	16	3	4	1	4	3	1	44
内側視索前野	8			3	4		1	57
視索上部と外側視索前野領域	6	6						0
視床	8	5	2	1				10
皮質-脳梁	7	5	1	1				9
海馬	9	4	3	2				16
その他	12							20
四丘体後部			1	1				
中脳		1	2	1				
不確帯		1		1				
尾状核-被蓋		2	1	1				
コレステロール植え込み群								
視床下部(6), 視索前野(6), 視床(3)	15	15						0

各ラットについて植え込み後5回の行動テストを実施している. 射精パターンが生じたテストを効果ありと判定した.

うに，内側視索前野への植え込みでは，すべての動物が射精し，他にも視床下部，海馬などへ植え込んだ場合に，コレステロール植え込み対照群より射精達成動物の割合が多かった．去勢動物の脳内にテストステロンを植え込むと，アンドロゲン感受性末梢組織の変化，例えば陰茎棘の増加(Christensen と Clemens, 1974; Johnson と Tiefer, 1974; Kierniesky と Gerall, 1973)が生じる．また，大脳皮質あるいは内側視索前野にテストステロンを植え込んだ後に，血中テストステロンレベルが増加するが(Smith ら，1977)，その増加は微量であるので，これが交尾活性化の原因とは解釈できない．もし，末梢への漏出が要因ならば，植え込み部位の特異性は生じないはずだからである．

6) テストステロンの代謝産物　去勢雄ラットの内側視索前野にテストステロンを植え込むと，30%の動物が射精し，エストラジオール植え込みでは70%が射精した(Christensen と Clemens, 1974)．芳香族化阻害剤を同時投与すると，エストラジオール処置による交尾の促進は生じたが，テストステロン処置の場合には促進効果が現れなかった(Christensen と Clemens, 1975)．これらの成績から，交尾の賦活にはテストステロンからエストラジオールへの転換が必要であるという仮説(Christensen と Clemens, 1975)が提唱されている．

Baum ら(1982)は雄ラットの内側視索前野・視床下部前部にジヒドロテストステロンを植え込み，射精動物の割合が増えることを見いだした．しかし，同様にジヒドロテストステロンを内側視索前野・視床下部前部に植え込んだ場合に，35%の動物が射精したものの，この比率はコレステロール対照群と変わらず，しかも，射精した動物では挿入潜時，マウント頻度が去勢前の値より有意に増加したと報告されているので(Johnston と Davidson, 1972)，ジヒドロテストステロンの役割は不明確である．

ジヒドロテストステロンを全身性に投与した去勢ラットの内側視索前野・視床下部前部にエストラジオールを植え込むと(Davis と Barfield, 1979)，60%の動物が射精したので，交尾の賦活にはこの二つのステロイドが協調的に作用しているのかもしれない．

6. 性行動に及ぼす神経化学物質

　性行動の神経化学的研究は，交尾に必要な性腺ステロイドと神経化学系との相互作用が明らかにされるにつれて，多面的に研究されるようになってきた．特に，ステロイドは染色体に作用し，蛋白合成を通じて伝達物質や酵素の働きと密接に関係する(Soulairac と Soulairac, 1956)ので，このような研究の重要性は高い．

6.1 雌型性行動への影響
a. 神経伝達物質
　エストロゲンは視床下部腹内側核のニューロン活動を変化させることによって雌型性行動を調節しているが，それは神経伝達物質やニューロペプチドに対するニューロンの反応性をエストロゲンが変えるという機構が存在するためと思われる．

　1) アセチルコリン　　内側視索前野へアセチルコリンのアゴニストであるカルバコールを注入すると，15分以内にロードーシスが増加する(Clemens, 1981)．脳内注入前にホルモン処置をうけていない卵巣摘除雌では，カルバコールの効果がないので，このコリン性の促進にはエストロゲンが必要であるといえる．内側視索前野や視床下部腹内側核にカルバコールを注入したときにはロードーシス促進効果があるが，中脳網様体や前頭葉に注入したときには効果がないので，コリン性の影響はエストロゲン受容体をもつ部位に限定される．

6.1 雌型性行動への影響

アセチルコリン合成阻害剤のヘミコリニウムや受容体ブロッカーの硫酸アトロピンはロードーシスを減少させる．カルバコールやオクソトレモリン（ムスカリンアゴニスト）処置後のロードーシス行動の増加は，アトロピンやムスカリン受容体アンタゴニストのスコポラミンの前処置で防害される．

卵巣摘除ラットにエストロゲンを処置すると，18〜24 日で内側基底視床下部のムスカリン性コリン受容体が有意に増加し(Dohanich ら，1982; Olsen ら，1982; Rainbow ら，1980)，この潜時は性行動の増加潜時とほぼ一致する．視床下部腹内側核のスライス標本にアセチルコリンを適用すると，ニューロン活動に興奮性反応が生じる．また，卵巣摘除動物にエストロゲンを処置すると，アセチルコリンに応答する視床下部腹内側核のニューロン数が増加する．これらの知見は，アセチルコリンが視床下部のエストロゲン感受性ニューロンに作用してロードーシスを促進していることを裏づけるものである．

2) アドレナリン系伝達物質 アンフェタミンをドーパミン受容体阻害剤のピモジドと同時に与えると，ロードーシスが増加するが，これはノルアドレナリンの効果によるものであろう(Everitt ら，1974)．内側視索前野や視床下部の弓状核・腹内側核領域にノルアドレナリンを注入すると，低用量のエストロゲンを与えた雌ラットのロードーシスが促進される(Foreman と Moss，1978)．一方，ドーパミン-β-水酸化酵素阻害剤の投与や α_1-アドレナリン受容体阻害剤のフェノキシベンザミンを前処置すると，ロードーシスが阻害される(Nock と Feder，1979)．

このように，α_1-受容体がロードーシスの促進に関係することは明らかにされているが，β-アドレナリン受容体の関与についてはよくわかっていない．エストロゲンの影響下では，視床下部腹内側核におけるノルアドレナリンの分解が遅くなることが知られている．おそらく，腹側ノルアドレナリン束の軸索終末から放出されたノルアドレナリンが α_1-受容体を介して視床下部腹内側核ニューロンを興奮させ，その出力がロードーシスの促進に影響するのであろう．

3) セロトニン ロードーシスに関係する視床下部腹内側核には，セロトニン終末が高密度に分布している(Fuxe，1965)．セロニトンの前駆物質を投与

したり(Meyerson, 1964; 1975), 再取り込みを妨害して(Meyerson, 1966; EverittとFuxe, 1977)セロトニンレベルを上昇させると, 雌ラットのロードーシスが抑制される. 反対に, パラクロロフェニルアラニンでセロトニン合成を抑制すると, ロードーシス行動が増加する(MeyersonとLawander, 1970; Ahleniusら, 1972; Zemlanら, 1973; Everittら, 1975; Gradwellら, 1975). セロトニンアンタゴニストを全身性(Fuxeら, 1976), あるいは脳内に注入すると(Wardら, 1975), エストロゲン処置ラットのロードーシスが増加する.

5,7-ジヒドロキシトリプタミン(5,7-dihydroxytryptamine; 5,7-DHT)を注入して視床下部のセロトニン線維を選択的に破壊すると, エストロゲン処置ラットのロードーシスが促進され(Luineら, 1983), この効果は視床下部にセロトニンを含んだ胎児縫線核を移植すると逆転する(Luineら, 1984). このように, セロトニンは雌の性行動に抑制的に作用しているが, これらの効果は必ずしもロードーシスだけへの特異的な作用ではないと考えられている.

4) その他の伝達物質 ドーパミンに関しては, ロードーシスへの作用と交尾前の誘惑行動への作用が異なるといわれている. すなわち, 前脳のドーパミンを枯渇させる6-ヒドロキシドーパミン(6-hydroxydopamine; 6-OHDA)を脳室内処置すると, ロードーシス反射は増加するが, 誘惑行動は著しく減少する(Caggiulaら, 1979).

γ-アミノ酪酸(γ-aminobutyric acid; GABA)濃度には内側視索前野でも視床下部腹内側核でも有意な性差がある(Frankfurtら, 1984). 雄型性行動はGABAにより著明に抑制されるが, 雌型性行動における視床下部のGABA含有ニューロンの役割についてはよくわかっていない.

b. 神経ペプチド

1) LH-RH 低レベルのホルモン処置をした雌ラットに黄体形成ホルモン放出ホルモン(luteinizing hormone releasing hormone; LH-RH)を全身性に投与すると, ロードーシスが促進される(MossとMcCann, 1973; Pfaff, 1973). この効果は下垂体摘除動物でも見られるので, LH-RHはLH放出を通してではなく, 他の神経細胞に作用してロードーシスを促進すると考えられ

6.1 雌型性行動への影響

ている(Pfaff, 1973). LH-RH 産生細胞は視索前野などに分布し，中脳中心灰白質にも軸索投射が認められる. 中脳中心灰白質に LH-RH を注入するとロードーシスが促進され，抗 LH-RH 血清を同部位へ注入するとロードーシス行動が阻害されるので，正常なロードーシスの発現には中心灰白質における LH-RH の役割が重要である(Sakuma と Pfaff, 1980)(図 6.1). 興味深いことに，

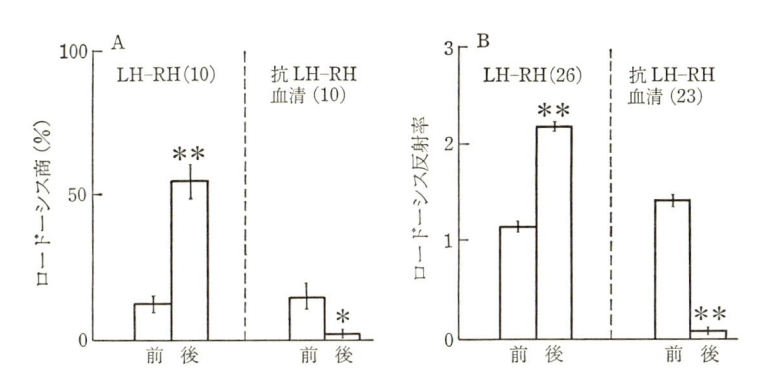

図 6.1 中脳中心灰白質に注入した LH-RH および抗 LH-RH 血清のロードーシスに対する作用(Sakuma と Pfaff, 1983).
A: ロードーシス商, B: ロードーシス反射率. *: $p<0.01$; **p: 0.001.
LH-RH を中心灰白質に注入すると，ロードーシスは有意に促進し，抗 LH-RH 血清を注入するとロードーシスが有意に減少する.

この中脳中心灰白質における LH-RH の促進効果は，オピエート性のペプチドで阻害される(Sirinathsinghji, 1984).

LH-RH の役割は雌の性行動と排卵のタイミングを同期させることにあり，その結果，受精が可能になると考えられている.

2) **プロラクチン** プロラクチン産生ニューロンは弓状核や視床下部腹内側核に分布している. これらの細胞からはじまる線維は, 脳全体に広く分布しており, 中脳中心灰白質にも密な投射が証明されている. エストロゲンを前処置して低レベルのロードーシスを示す雌の中脳中心灰白質にプロラクチンを微量注入すると, 約 40 分後にロードーシスが有意に増加し, 6 時間後には基線レベルに回復する(Harlan ら, 1983). エストロゲンを投与して高いレベルのロー

ドーシスを示す雌ラットに抗プロラクチン抗体を処置するとロードーシスが減退する．このように，プロラクチンもロードーシス促進物質の一つである．

3) **サブスタンスP**　視床下部腹内側核にはサブスタンスP含有細胞体がある．卵巣摘除雌ラットに中等度のロードーシスを示すだけのエストロゲンを処置し，中脳中心灰白質背側部にサブスタンスPを注入すると，速やかにロードーシスが促進される(DornanとMalsbury, 1984)．

4) **CRF**　オピエートペプチドと副腎皮質刺激ホルモン放出因子(corticotropin releasing factor；CRF)を含有するニューロン系には密接な神経解剖学的関係があり，β-エンドルフィンはロードーシスを抑制するので，CRFもまた雌ラットの性行動に関与するのではないかと考えられている(Sirinathsinghjiら, 1983)．エストロゲン処置ラットの弓状核-視床下部腹内側核領域にCRFを注入すると，ロードーシスが著明に抑制される．この効果はβ-エンドルフィンの抗血清でブロックされるので，オピエート系と何らかの相互作用を介して生じているのであろう．

5) **β-エンドルフィン**　β-エンドルフィンを脳室内注入すると，ロードーシスが抑制される(WiesnerとMoss, 1984)．この効果の作用部位をしらべるために，オピエートアンタゴニストのナロクソンを中脳中心灰白質に注入すると，ロードーシスが増強される(Sirinathsinghjiら, 1981)．β-エンドルフィンを中心灰白質に注入すると，30分以内にロードーシスが抑制されるが，この効果はLH-RH注入により，打ち消される．

ロードーシスに及ぼすオピエートペプチドの作用に関しては，近年いくつかの報告があるが，受容体サブタイプの関連などさらに検討すべき問題が残されている．

6) **オキシトシン**　オキシトンを脳室内に投与すると，ロードーシス行動が増加する．オキシトシンを視床下部腹内側核に植え込んだときにも同様の促進がみられるので，オキシトシンはこの部位に作用して効果を発揮すると考えられている(Kaufmanら, 1986)．

6.2 雄型性行動への影響

雄型性行動と神経伝達物質の関係については，従来から，モノアミンに関する研究が比較的多く行われている．レセルピンやテトラベナジンなどの全身投与によりモノアミンを枯渇させると，挿入頻度が減少して交尾が促進する(Dewsbury, 1975)．一方，モノアミン酸化酵素を阻害してモノアミンレベルを増加させると，挿入潜時，挿入頻度，射精潜時が増加して交尾が抑制される(Dewsbury, 1975)．しかし，このような方法では，個々の伝達物質の作用は不明であり，作用の特異性を明らかにするには，受容体サブタイプや薬理学的作用の持続時間などを考慮する必要がある．ここでは，雄型性行動への作用が比較的一貫している物質について述べる．

1) ノルアドレナリン $α_2$-受容体アンタゴニストのヨヒンビンを経験雄に投与すると，挿入間間隔が減少し射精潜時が短縮する(Clark ら, 1985a)．交尾が不活発な雄にヨヒンビンを投与すると，半数の動物が射精する(Clark ら, 1984)．図 6.2 に示すように，陰茎を局所麻酔したラットにヨヒンビンを投与

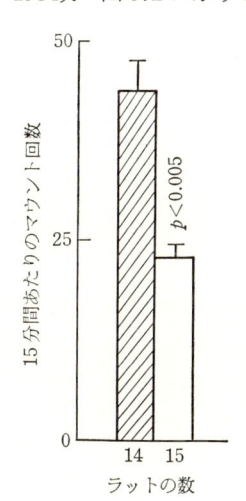

図 6.2 陰茎麻酔後の雄のマウント行動に及ぼすヨヒンビンの効果 (Clark ら, 1984)
斜線：ヨヒンビン(体重 1 kg あたり 2 mg)，空白：溶媒のみ(体重 100 g あたり 0.1 ml)．交尾テストはヨヒンビン，または溶媒のみを注射してから 20 分後に開始した．統計検定は Mann-Whitney U test で行った．

すると，時間あたりのマウント回数が増加する．去勢後 90 日経過し，交尾行動が消失した雄にヨヒンビンを投与した場合にも，約半数が交尾する(Clark ら, 1985b)．このように，$α_2$-ノルアドレナリン受容体の遮断は，交尾の開始

を促進するとともに,開始後の交尾を活発にする.

これに対し,α_1-受容体アンタゴニストであるプラゾシンを全身性に投与すると,マウント潜時,挿入潜時,挿入間間隔,射精潜時,射精後挿入潜時が延長し(Clark ら,1985 b),交尾が抑制される.この効果はヨヒンビンとはまったく反対である.

一方,α-受容体を活性化する操作として,アゴニストのコロニジンを経験雄に投与すると,用量依存性の交尾の抑制(Clark ら,1985 a)が見られ,この効果はヨヒンビンの投与で阻害されることから,α_2-受容体を介するものと思われる.

視床下部のノルアドレナリン代謝回転は,去勢により増加し(Denniston, 1954),全身性テストステロン投与で反対に減少する(Simpkins, 1980)ので,視床下部のノルアドレナリン動態はテストステロンの影響下にあると考えられる.

このように,ノルアドレナリンは α-受容体を介して交尾行動を修飾しているようである.

2) ドーパミン　　経験雄にドーパミンの前駆物質であるL-ドーパを全身性に投与すると,挿入頻度,射精潜時,射精後挿入潜時(Paglietti ら,1978; Tagliamonte ら,1974)や,挿入潜時(Paglietti ら,1978)が減少する.性的に不活発な雄に同様の処置を行うと,交尾する動物の比率が増える(Tagliamonte ら,1974).

しかし,L-ドーパは他のカテコールアミンの前駆物質でもあるので,その効果がドーパミンに関連したものであると限定することはできない.ドーパミンアゴニストのリスライドやアポモルフィンを投与すると,不活発な雄の交尾が活発になったり(Hlinak ら,1983; Tagliamonte ら,1974),未成熟雄のマウントを誘発したりする(Hlinak と Dvorska, 1984).経験動物にこれらの物質を投与すると,挿入頻度(Ahlenius と Larsson, 1984a; 1984b; Hansen, 1982a; Hlinak ら,1983; Napoli-Farris ら,1984; Paglietti ら,1978),射精潜時 Ahlenius と Larsson, 1984a; Hansen, 1982a; Farris ら,1984; Paglietti ら,

1978),挿入潜時(Hansen, 1982a; Paglietti ら, 1978),射精後挿入潜時(Napoli-Farris ら, 1984)が減少する.

ドーパミンアンタゴニストを全身性に投与すると,交尾が妨害される.ハロペリドールを投与すると,射精する動物の割合が減少する(Napoli-Farris, 1984; Tagliamonte ら, 1974).ピモジド投与では交尾が消失することはないが,射精潜時は延長する(Paglietti ら, 1978).

内側視索前野にアポモルフィンを注入すると,単位時間あたりの射精回数が増加するが(Hull ら, 1986),他部位への注入では効果がない.

このように,ドーパミンは交尾行動を促進するので,テストステロンによりドーパミンが増加すると予測できる.実際,去勢により中隔・側坐核のドーパミンが減少し(Alderson と Baum, 1981),テストステロン,エストロゲン,ジヒドロテストステロンは去勢ラットのドーパミンを増加させる(Alderson と Baum, 1981).テストステロン処置は視索前野のドーパミンを減少させると報告されているが(Simpkins ら, 1980; 1983; Singer, 1968),必ずしも再現性はない(Baum, 1986).

3) **セロトニン** セロトニン枯渇剤のパラクロロフェニルアラニン(p-chlorophenylalanine; PCPA)を投与すると,交尾が非常に促進されて,雄が雄にマウントすると報告されているが(Gessa, 1970; Tagliamonte ら, 1969),通常の交尾と行動パターンが異なる可能性があるので,その意義は深く追求しない方がよい.

性的に活発な動物の場合 PCPA の効果は不明確であるが(Ahlenius ら, 1971; Dallo, 1977; Mitler ら, 1982; Salis と Dewsbury, 1971; Whalen と Luttge, 1970),不活発な雄に PCPA を投与すると,交尾するようになる(Dallo, 1977; DePaolo ら, 1982; Ginton, 1976).また,去勢して閾値レベルのテストステロン処置を施した雄に PCPA を投与すると,マウントを開始し(Malmnas と Meyerson, 1971),射精に至ることもある(Emery と Larsson, 1979; Sodersten ら, 1985; Sodersten ら, 1980).去勢後に交尾が消失した雄に PCPA を投与すると,ステロイドを処置しなくても,射精する動物の割合が増加する(Emery

と Larsson, 1979; Sodersten ら, 1985; Sodersten ら, 1980). したがって, セロトニンは本来, 交尾行動に抑制的に作用していると考えられる.

セロトニンの神経毒である5,7-ジヒドロキシトリプタミン(5,7-dihydroxy-tryptamine; 5,7-DHT)は PCPA の効果と類似している. すなわち, 経験動物には効果がないが(Larsson ら, 1975), 未経験雄では交尾する率が増加する(Rodriguez ら, 1984). 去勢雄に低レベルテストステロンを処置し, 5,7-DHTを投与すると, 射精動物の割合が増える(Larsson ら, 1975; Sodersten ら, 1985). これらの行動レベルの成績は, 視床下部セロトニンレベルと相関する場合もあり(Larsson ら, 1975), 相関しない場合もある(Sodersten ら, 1985).

4) GABA 最近, 中枢神経系への γ-アミノ酪酸(γ-aminobutyric acid; GABA)関連物質の直接投与により, GABA が交尾行動を抑制的に作用することが明らかになってきた. $GABA_A$ 受容体アゴニストのムシモールを内側視索前野に注入すると, 経験雄の射精率が減少する(Fernandez-Guasti ら, 1986a). GABA 分解酵素阻害剤の投与でも射精率が減少する(Fernandez-Guasti ら, 1986a).

$GABA_A$ 受容体アンタゴニストのビククリンを内側視索前野に注入すると, 経験雄の射精後挿入潜時が6〜7分から1分以下というように著明に減少する(Fernandez-Guasti ら, 1985; 1986a; 1986b; Fernandez-Guasti ら, 1986c). 同じく, アンタゴニストのピクロトキシン注入で, 射精後挿入潜時の短縮が生じる(Fernandez-Guasti ら, 1986a). ビククリンの不活性同位体(Fernandez-Guasti ら, 1985), ビククリンあるいはピクロトキシンの全身投与では効果がない(Fernandez-Guasti ら, 1986a). これらの成績は内因性 GABA が射精後挿入潜時の調節に関与することを示唆している.

去勢雄の内側視索前野にビククリンを注入すると, テストステロン処置4日後では, 対照群に比べて射精動物の比率が多かったが, 処置後8日目にはどちらの群も射精し, ビククリン群のみ射精後挿入潜時が減少した(Fernandez-Guasti ら, 1986b). したがって, GABA は性的に活発な雄にはあまり影響しないと考えられる(図6.3).

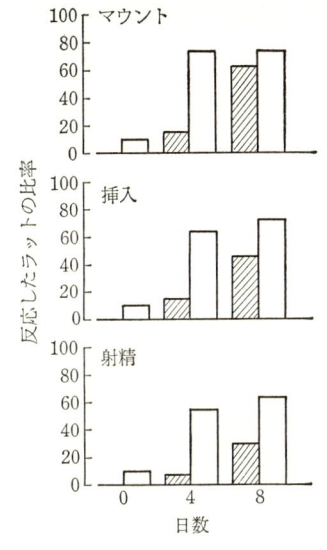

図 6.3 毎日 150 μg/体重 1kg のテストステロンプロピオネート(TP)を投与した去勢雄ラットの性行動に及ぼすカニューレあたりビククリンメチオダイド 30 ng(白抜きのバー)あるいは 0.5 μl 食塩水(斜線のバー)の効果(Fernandez-Guasti ら, 1986) 投与部位は内側視索前野視床下部前部領域に限局した. TP 投与は第 0 日に開始している. ビククリンあるいは食塩水の注入は第 0, 4, 8 日に行っている.

このように,GABA の作用が内側視索前野に特異的であることを示唆する成績は得られているが,対照実験が不十分であるので,内側視索前野の特異性については,さらに検討が必要である.

5) **プロラクチン**　プロラクチンの交尾行動への効果をしらべる方法としては,慢性的に高濃度のプロラクチンレベルになるような実験設定が多い. 高プロラクチン血症の雄ラットでは,射精能が減弱したり(Dohler ら, 1984; Svare, 1979),消失したりする(Kalra ら, 1983). また,挿入潜時が延長し(Bailey ら, 1984; Bartke ら, 1984; Doherty ら, 1981; 1985a; Doherty ら, 1985b; Doherty ら, 1982; Döhler ら, 1984; Kalra ら, 1983; Svare ら, 1979), 交尾間隔が長く(Bartke ら, 1984; Dcherty ら, 1985b; Deherty ら, 1982; Döhler ら, 1984), 射精潜時も延長する(Bailey と Herbert, 1982; Bailey ら, 1984; Doherty ら, 1985; Döhler ら, 1984; Kalra ら, 1983; Svare ら, 1979; Weber ら, 1982).

このようにプロラクチンは雄ラットの交尾に抑制的に作用するが,その機構は脳のドーパミン動態と関連づけられている. プロラクチンは多くの脳部位,特に内側視索前野-視床下部前部でドーパミン濃度を低下させる(Kalra ら,

1981).高プロラクチン血症における視索前野のドーパミン濃度と性行動の変容の相関から,雄型交尾行動へのプロラクチンの影響はドーパミン枯渇に基づくと推定される(Kalra ら,1983). ドーパミンが枯渇すると,高プロラクチン血症動物と同様の交尾障害を示す(Drago, 1984).

6) 内因性オピエート オピエート受容体の阻害剤であるナロクソンを全身投与すると,挿入頻度の減少(Myers と Baum, 1979; 1980; Pellegrini-Quarantotti ら,1979, 挿入潜時の短縮(McIntosh ら,1980; Myers と Baum, 1979; 1980; Pellegrini-Quarantotti ら,1979),挿入間隔の延長(Myers と Baum, 1979; Pellegrini-Quarantotti ら,1979),挿入間隔の短縮(McIntosh ら,1980),射精後挿入潜時の延長(Lieblich ら,1985; McConnell ら,1981; Sachs ら,1981)など,さまざまな影響が生じる.また,ナロクソンは交尾行動に影響しないという報告もある(Gessa ら,1979; Wiesenfeld-Hallin と Sodersten, 1984).このように,影響がまちまちなので,ナロクソンの効果の解釈は困難である.

経験雄を使用するとオピエートの抑制効果が隠蔽される可能性があるので,不活発な雄にナロクソンを与えたところ,74% が射精した(Gessa ら,1979).しかし,性的に不活発な雄はオープンフィールド活動や新奇刺激に対する探索なども不活発なので(Pottier と Baran, 1973),内因性オピエートが性行動に特異的かどうかは不明である.

経験雄の脳室内に β-エンドルフィンやモルヒネなどのアゴニストを投与すると,交尾を妨害あるいは消失させる(McIntosh ら,1980; Meyerson, 1981; Meyerson と Terenius, 1977).

6.3 神経伝達に及ぼす性ホルモンの影響

上述のように,種々の神経化学物質がニューロン間の情報伝達に影響して,性行動発現に関与するが,性ホルモンはそれ以上に大きな役割を果たしているものと思われる.すなわち,性ホルモンは細胞体に作用して,その物理化学的特性を持続的に変えることにより,交尾発現に必要な情報伝達に寄与している

6.3 神経伝達に及ぼす性ホルモンの影響

と推定できる.

Kendrickは扁桃体および視索前野ニューロンへのテストステロンの作用を電気生理学的に解析している(Kendrick, 1982a; 1982b; 1983a; 1983b; 1984; Kendrickら, 1981). 海馬釆刺激に応答する扁桃体皮質内側部ニューロン数の割合を, 正常ラットと去勢ラットで比較すると, 正常ラットの方が多い(Kendrich, 1982a). また, 去勢により, 扁桃体皮質内側部ニューロンの絶対不応期が延長する(Kendrichら, 1981). 扁桃体皮質内側部刺激に応答する内側視索前野-視床下部前部ニューロン数の割合も, 正常動物の方が多い(Kendrich, 1982b). 中隔刺激に応答する内側視索前野ニューロン数の割合も, 正常動物の方が多い(Kendrich, 1983a). 内側視索前野ニューロンの絶対不応期は去勢により延長し, テストステロン投与により短縮する(Kendrich, 1983; 1984). ニューロンの絶対不応期の延長は去勢後14日目まで現れないが, テストステロンによる不応期の短縮は, 処置後5日目に急速に現れる(Kendrich, 1983b;

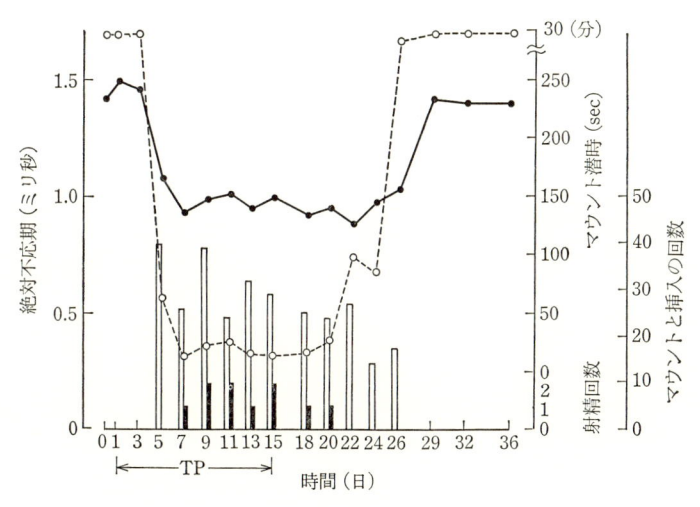

図 6.4 テストステロンプロピオネート(TP, 200μg/日)による内側視索前野-視床下部前部ニューロンの絶対不応期の短縮(実線)と性行動の促進の時間経過 (Kendrick, 1983)
マウント潜時, 破線: マウントと挿入の回数, 白抜きバー: 射精回数, 黒いバー. 各点は1匹のラットの値. 各日の行動測度も1匹の動物のデータ.

1984). ニューロンの不応期に対するテストステロンの効果の時間経過は，去勢とホルモン処置を同様に行った動物で見られた交尾の消失および回復の時間経過と一致する(Kendrich, 1983b; 1984)(図6.4).

　このようなニューロンの電気生理学的特性の変化は，細胞膜の変化に基づくものであり，その時間経過から，細胞内受容体を経て染色体機構を媒介とした遅い変化である可能性は否定できない．しかし，外側視床下部ニューロンはイオン泳動的に投与したテストステロンで4秒以内に促進応答を示す(Orsini, 1982; Orsini ら, 1985)ので，この場合には，染色体機構の媒介は考えにくい(Orisini ら, 1985). また，扁桃体などでも細胞内受容体を介さない性ホルモンの迅速な効果が証明されている(Nabekura ら, 1986)ので，中枢神経系一般に，このような迅速な細胞膜の機構を想定することも可能である．

7. 性行動の神経機構

7.1 性行動誘発刺激
a. 雌に対する誘発刺激

　視覚,聴覚あるいは嗅覚を剥奪された雌ラットでも正常なロードーシスを示し,味覚はこの反応に関係しないので,ロードーシスには体性感覚刺激だけが必要であると考えられる.高速度撮影フィルムの分析(Pfaff, 1974)から,雌は雄が触らなければ決してロードーシスを示さないが,触られるとすぐにロードーシスをはじめることがわかっている.雄の腹部に色素を塗り,実際の交尾行動によって雌の皮膚のどの部位と接触するかをしらべると(Pfaff, 1977),雌の側腹部,臀部後部,尾根部,会陰部に濃い色素付着が見られる.

　マウントとロードーシスの際の雄と雌の反応の順序は重要である.雌は雄の接触がはじまってから平均161ミリ秒で臀部の挙上をはじめる.そのとき,雄の前肢は雌の側腹部にあり,場合によっては雄の頭部が雌の背部に接触する.雄は後肢でさらに歩を進め,その結果雌の臀部に接触し,予備的な骨盤スラストがはじまる.雌は雄の陰茎挿入に伴う腟刺激以前に完全な臀部挙上またはロードーシス姿勢をとる.したがって,雄による側腹部,臀部後部,(予備的スラストによる)会陰部への触刺激がロードーシス開始の原因であり,通常,腟内の刺激は不要である.

　雄のマウントによる皮膚刺激の開始は急峻で,前肢による接触や骨盤スラストは反復的に行われ,その反復性は1秒間に10〜20回程度である.

臀部後部，尾根部，会陰部を除神経すると，ロードーシスが有意に低下する．さらに腹側腹部を両側性に除神経すると，ほぼ完全にロードーシスが消失する（Kow と Pfaff, 1976）．図7.1に見られるように，雄のマウントに対するロー

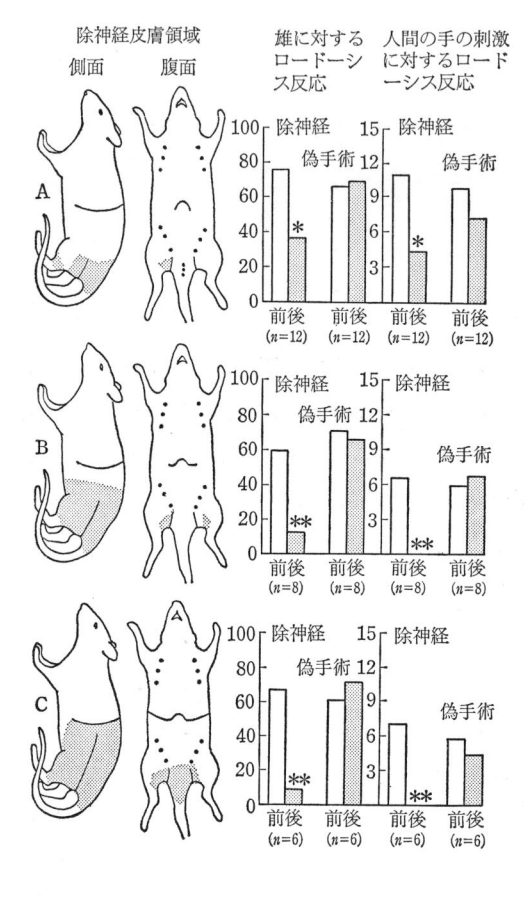

図 7.1 雌ラット後半身各部の選択的除神経によるロードーシスの変化（Kow と Pfaff, 1976）

雄ラットのマウントに対するロードーシス発現の百分率（ロードーシス発現率），および実験者が手で与えた刺激に対するロードーシスの強さ（ロードーシス指数）に見られる変化を示した．雌ラットの側面と腹面の網目部が実線で示した切開により皮膚神経を除去した部位である．手術はすべて両側対称性に行った．ロードーシスの変化は棒グラフにより除神経あるいは偽手術前後を対比した．統計学的検討は同一手術例が6匹を越えるものについてのみ行った．*: $p<0.01$, **: $p<0.004$

ドーシスも，実験者が手で触刺激を与えた場合にも，後半身各部を選択的に除神経すると，ロードーシスの出現が有意に低下する．局所麻酔剤のプロカインをこれらの部位に皮下注射したときにも，ロードーシスが著明に阻害される（Pfaff ら，1972）．

このように，臀部後部，尾根部，会陰部，さらには側腹部の皮膚機械受容器

が雌ラットのロードーシス発現に不可欠な役割をもっている．

　反応潜時や刺激頻度などの時間的特性から考えて，伝導速度の遅いC線維に連なる機械受容器はロードーシスのトリガーにはならない．第2腰神経と第5腰神経から第1仙骨神経までの後根神経節に細胞体をもち，皮膚への持続的な圧刺激に対して順応の遅い $A\beta$ 線維がロードーシス反射の求心路として不可欠である．

　興味深いことに，これらの皮膚感覚の感受性はホルモンレベルに依存して変化する．すなわち，エストロゲンは陰部神経の受容野を拡大し，また会陰部皮膚受容器の感受性を高めて(Kow と Pfaff, 1973)，ロードーシスを増強させる．

b. 雄に対する誘発刺激

　Beach(1942)は雄ラットの嗅覚，視覚，鼻・口唇・下顎部の皮膚感覚を剝奪して効果を調べた．三つの感覚剝奪のうちどれか一つの剝奪では，交尾行動に有意な効果を及ぼさなかったが，二つないし三つの感覚を同時に除去したときに初めて交尾が障害され，しかも経験動物の場合には三つとも剝奪したときにのみ交尾の消失が起こった．このような結果から，交尾の開始に不可欠な感覚種はないと考えられてきたが，Beach の実験は，感覚剝奪が必ずしも特異的でないなどいくつか問題があり，その結論を直接踏襲することはできない．その後の多くの研究から，特に交尾の開始に関係深いと考えられる刺激がいくつか示唆されてきているが，現時点に至っても，交尾開始のひきがねとなる感覚を1種類に限定することは不可能である．むしろ，種々の複合的な刺激が交尾行動を誘発すると考えた方がよいかもしれない．

　1) 嗅　覚　交尾経験のある雄と発情した雌を同居させると，雄はまず第一に雌の会陰部を嗅いで探索するので，交尾の開始に嗅覚は重要な役割を担っていると考えられる．すなわち，雄は嗅覚刺激を通じて雌の発情の有無を弁別しているらしい．齧歯類などでは嗅覚系が主嗅覚系と副嗅覚系の二つに大別され，それぞれ異なった線維投射をもつことが知られている(Scalia と Winans, 1975)．副嗅覚系の役割はよくわかっていないが，齧歯類では不揮発性の化学物質の受容に関連するといわれている(Powers ら, 1979)．ラットでは末梢性の

嗅覚剝奪は交尾行動にさほど影響を与えない．術前に交尾経験のない場合に限って交尾行動が阻害され，挿入潜時，射精潜時が対照に比べて長くなる(Bermant と Taylor, 1969; Larsson, 1969; 1971)．しかし，従来の交尾行動の観察は比較的狭い実験室場面で行われており，そのような状況では，もっと広い自然環境で実際に利用されている感覚刺激が隠蔽されてしまう危険がある．自然条件に近い条件で，嗅覚がいかなる役割を果たしているかを知ることが重要である(Hart と Leedy, 1985)．

2) 視 覚 ラットは夜行性の動物であり，1日のうちで暗期に性的活動性が高まる(Dewsbury, 1968)．しかし，交尾経験のある動物は強い光にさらされても，暗黒中と同程度の高い交尾活動を示す(Hard と Larsson, 1968)ので，これらの動物の場合には明暗は交尾の開始にそれほど関係ないといえるかもしれない．一方，交尾経験のない動物や，実験室の状況に馴れていない動物の場合，実験室が明るいときには，たとえ発情した雌が同居していても，じっとしていて何もしない．照明を落として暗くすると，全般的に活動性が高まり，その結果雌と接触し，相互作用が生じて交尾がはじまることが多い．したがって，不馴れな環境のもとでは，明るさは全般的に活動性を抑えるために性行動にも抑制的に作用すると考えてよかろう．

視覚刺激のもう一つの役割として，雌が示す darting や hopping などのいわゆる誘惑行動の認知にかかわっている可能性がある．しかし，ラットの交尾行動は上述のようにむしろ暗期に高いので，視覚以外の手がかりを利用して誘惑行動を認知しているのかもしれない．

3) 聴 覚 聴覚刺激の関与として，交尾前の探索期間中に齧歯類の雄・雌双方が超音波を発声(Geyer と Barfield, 1978; Geyer ら, 1978; McIntosh と Barfield, 1980; Nyby と Whitney, 1978; Thomas と Barfield, 1985)し，他個体および自分自身の興奮性を高めることが知られている．交尾中や射精後不応期にも超音波発声が確認されており(Barfield と Geyer, 1975; Sachs と Barfield, 1974)，これらは雄・雌のコミュニケーションの手段として利用されている可能性が強い(Sales, 1967)．

4) **体性感覚**　交尾行動の遂行に関しては，当然，性器の感覚が重要である(Hart と Leedy, 1985)．雄は素早いスラスト運動を行うが，それによって試行錯誤的に雌の腟口を定位し，挿入を達成する(Bermant, 1965)．この過程には，陰茎に存在する急速および緩徐型順応を示す機械受容器が関与しているものと思われる．また，刺激されると，射精反応のトリガーあるいは原因となる受容器があると想像されるが，そのような受容器の存在はまだ報告されていない．通常，触刺激や圧刺激を中枢神経系へ伝える受容器が，射精を促進またはトリガーする特別な受容器に変化するのかもしれない．陰茎を麻酔(Adler と Bermant, 1966；Carlsson と Larsson, 1964)したり，陰茎背神経を切断(Lodder と Zeilmaker, 1976)すると，挿入，勃起，射精が阻害される．しかし，このような処置をしても，雄は雌を追尾し，不完全なマウントを試みる(Dahlof と Larsson, 1976)ので，性器からの感覚は性的動機づけにはさほど影響しない．雌との交尾経験以前に陰茎の除神経を行うと，マウント行動の獲得が強く障害される(Lodder, 1976)．

7.2　性行動の運動機序

a.　雌の性行動

　雌ラットの交尾行動を特徴づけるロードーシスはどのような筋群の働きによって生じるのであろうか．筋の解剖学的構造をしらべると，外側最背長筋と腰部深部総背筋がロードーシスの臀部挙上をもたらすのに最も適している(Brink, 1977(図7.2, 7.3)．これらの筋を電気刺激すると，実際に脊柱の背屈が生じる．ホルモン処置ラットで外側最背長筋を完全に除去すると，ロードーシス強度が有意に減少する．腰部深部総背筋を除去したときにもロードーシスは著明に減少し，この二つの筋群をどちらも摘除すると，ロードーシス反射はさらに減少する．

　ロードーシスに関係する筋の運動ニューロン細胞体がどこに分布しているかを知るために，筋線維に西洋ワサビ過酸化酵素(horseradish peroxidase；HRP)を注入して逆行性標識部位を検索すると(Brink, 1977)，外側最背長筋お

84   7. 性行動の神経機構

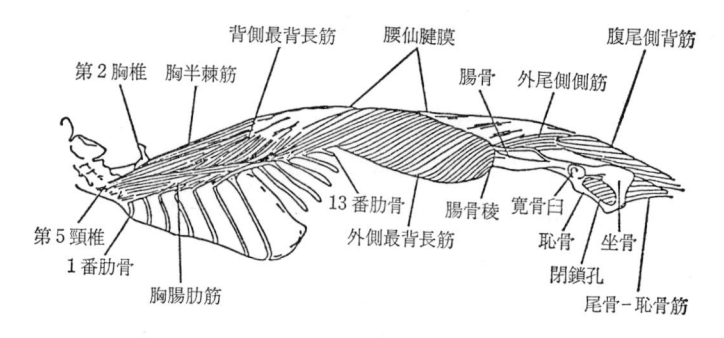

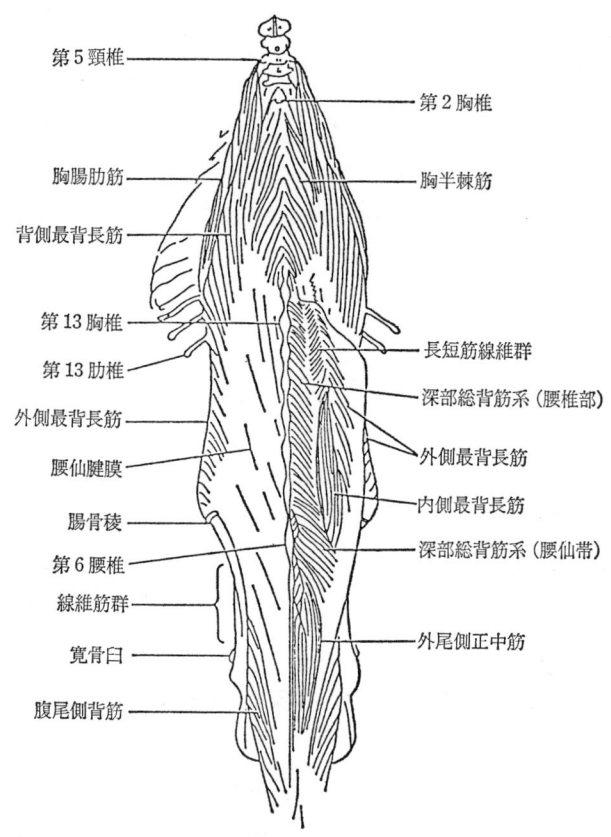

図 7.2 ラットの深部固有背筋群の側面図と背面図
(Brink と Pfaff, 1977)

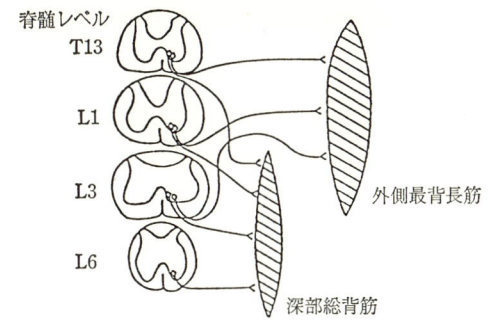

図 7.3 ロードーシス発現のための最終神経路（Pfaff, 1980）

よび深部総背筋を支配する運動ニューロン細胞体は第12胸神経から第1仙骨神経のレベルの脊髄前角の内側および腹側の境界に局在していることがわかる．

b. 雄の性行動

性器反応の研究には動物の陰茎を手で刺激するという直接的方法が用いられてきたが(Beach, 1984; Hart, 1967)，ラットなどの齧歯類では陰茎への触刺激はむしろ勃起を抑制してしまうことが知られている(Sachs, 1983)．そこで，Hart(1968)はこれらの動物に勃起を誘発する技術を考案した．すなわち，シリンダーの中に雄の上半身を仰臥位で入れて拘束し，陰茎亀頭を包皮から露出させて，包皮基部に軽く圧を加えてそのままの姿勢で維持すると，約10分後に5〜10秒間にわたる一連の陰茎反応が生じる．陰茎反応は，勃起と亀頭が背側へピクピクッと動くフリップとよばれる運動の二つの基本的な成分からなる．勃起が最強度に達すると，亀頭先端部がトランペット状になり，いわゆるフレアーカップが形成される．この形は射精時に見られるものである．フリップは勃起がなくても生じることがあり，急速で持続時間の短いものと，やや持続時間が長いものに分けることができる．短いフリップには体動や骨盤運動は伴わないが，長いフリップには骨盤の腹側への屈曲が伴う．したがって，短いフリップは陰茎挿入直前に亀頭を持ち上げるように作用し，長いフリップとそれに伴う骨盤運動は挿入時のスラストに関係していると考えられている(Sachs,

1983).興味深いのは，一連の勃起やフリップなどの性器反応が，実際の交尾行動の時間経過と類似して30〜120秒の間隔で間欠的に生じることである．

　ヒトにおける陰茎勃起が自律神経の支配による陰茎体の充血だけによって成り立っているのとは異なり，多くの哺乳類では体性神経系に属する陰茎の横紋筋によって勃起が調節されている(Purohit, 1976)．ラットの球海綿体筋(bulbo-cavernous muscle；BC)と肛門挙筋(levator muscle；LA)の両方を切除しても勃起の出現率は変わらないが，カップの形成が阻害される．球海綿体筋だけを除去した場合にもカップ形成が阻害されるが，肛門挙筋だけの切除ではカップ形成に影響がない．球海綿体筋と肛門挙筋を欠いた雄でも実際の交尾行動にはほとんど障害は見られない(Sachs, 1982)．これに対して，坐骨海綿体筋(ischial cavernous muscle；IC)とその脚部を切除すると，勃起やカップ形成の出現数は変わらないが，フリップが減少する．実際の交尾テスト時には，坐骨海綿体筋を切除された動物は挿入パターンは示すが，陰茎挿入ができない．また，筋電図を記録すると，勃起時には球海綿体筋と肛門挙筋の活動が亢進し，フリップ時には坐骨海綿体筋の活動が増加する．これらの結果から，ラットの陰茎勃起は基本的には血管系機構によって生じるが，強い勃起すなわちカップ形成のためには球海綿体筋による調節を必要とし，陰茎挿入のための亀頭のフリップには坐骨海綿体筋を必要としていることがわかる．陰茎横紋筋を支配する運動ニューロンがテストステロンを取り込むという知見(BreedloveとArnold, 1980)は非常に重要であり，テストステロンはこれらの横紋筋の収縮性を調整していると推察される．

　交感神経系の下腹神経を切断しても，副交感神経系の骨盤神経を切断しても，勃起や交尾行動には影響がない．しかし，陰部神経を切断すると勃起，挿入，射精が妨害される(LodderとZeilmaker, 1976)．胸髄中部(Th6〜9)で脊髄を切断すると，この陰茎反応の潜時が短縮することから，脊髄より上位に陰茎反射を抑制する機構が存在すると考えるのが順当である(Hart, 1968)．

7.3 雌型性行動の中枢機序

a. ロードシス発現の上行路

1) 末梢脊髄路 自然な交尾場面では，雄ラットは雌にマウントしてその側腹部をつかみ，雌の臀部後部，尾根部，会陰部に向けてスラストを行う．側腹部への皮膚刺激とそれに後続する尾根部および会陰部への圧刺激がロードーシス発現の必要十分刺激となる．これらの刺激は多くの皮膚受容器を賦活するが，ロードーシスに必要なのは皮膚表面に平行に存在するルフィニ(Ruffini)終末から起こるものであり，持続的な圧刺激に対して順応が遅く，$A\beta$線維を介して中枢に伝えられる．側腹部皮膚からの刺激は第1腰髄と第2腰髄の後根から脊髄に入るが，臀部後部，尾根部，会陰部からの刺激は第5，第6腰髄，第1仙髄から入る．一次感覚ニューロンからの入力は腰髄中間灰白質の圧感受性介在ニューロンに収束する(図7.4)．

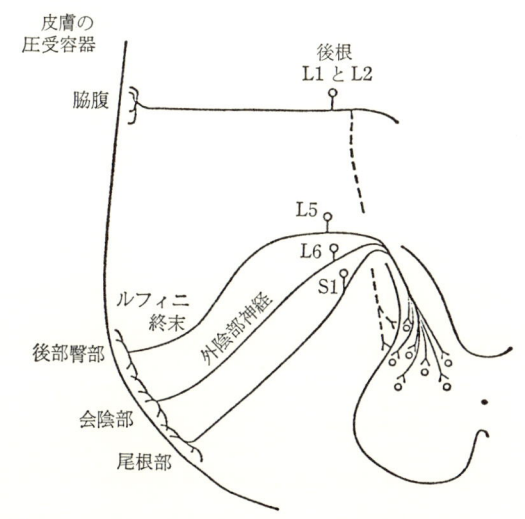

図 7.4 皮膚感覚刺激によるロードーシス誘発に関係すると見られるニューロン群 (Pfaff, 1980)

2) 脊髄上行路 胸髄レベルで脊髄を完全に切断された雌ラットはロードーシス反射を示さない(Pfaff ら，1972; Kow ら，1977; Hart, 1969)．脊髄後索あるいは背側索を両側性に完全に切断した場合にも，一側の後索と反対側の

背側索を切断した場合にも，ロードーシスに影響はない(Kow ら，1977)．これに対し，前側索を大きく切断すると，ロードーシス反射が著明に減弱したり，消失したりする(Kow ら，1977)．この場合，大きな切断が必要であり，前側索のどの部位であっても 20% 以上が遮断されずに残っていると，ロードーシスの障害はあまり顕著ではない．これらの結果は，ロードーシスの正常な発現は，脊髄より上位の調節機構の支配下にあり，それに必要な上行性の情報が前側索を通ることを意味している．前側索の上行系は系統発生的に古く，脊椎動物全般に認められる(Herrick と Bishop, 1958；Ebbesson, 1967；1969；Hayle, 1973)もので，識別性に乏しく，緩徐で粗大な皮膚感覚を伝えている．

3) 脳幹投射部位　ラットの前側索の上行線維は，脳幹後部に広範に投射しており，脳幹前部へ行くほど終末は疎らになる(Mehler, 1969)．前側索線維は外側網様核と延髄網様体，特に巨細胞核へ強力な投射をもち，下オリーブ核の一部や顔面神経核への投射も見られる．また，外側前庭核にも投射がある．橋のレベルでは，網様体，青斑下核に投射する．中脳レベルにおいては，前側索線維は視蓋深層とその周囲，特に丘間核と中心灰白質外側部に終わり，内側膝状体内側部(大細胞性)にも一部投射する(Lund と Webster, 1967；Goldberg と Moore, 1967)．

前側索線維の投射をうける延髄網様体ニューロンは，種々の体性感覚刺激に対して大きな受容野をもち，反応の特異性も弱い(Rosén と Scheid, 1973)．中脳中心灰白質や視蓋深層には，ロードーシスを誘発するのに必要な触刺激により賦活されるニューロンが多数存在する(Malsbury ら，1972)．

麻酔下の雌ラットの脳幹を電気刺激すると，尾，尾根部，臀部，後肢など，ロードーシスに関係する筋群の運動を誘発し，さらにロードーシスの要素に似た運動を起こすことができる(Pfaff ら，1972)，こうした運動が生じる脳幹の刺激部位は，上に述べた上行性前側索系の脳幹における投射部位と非常によく一致する．このことから，前側索系がロードシスに密接に関係していることが裏づけられる．

4) 視床下部　視床下部がロードーシス関連体性感覚入力に応じてロード

ーシスの調節にかかわっている可能性はほとんどない．ロードーシスの誘発に有効な皮膚刺激を与えても，視索前野や視床下部ではごくわずかのニューロンに応答が観察されるにすぎない(Bueno と Pfaff, 1976)．たとえ応答が得られた場合でも，反応潜時は長く，強度も弱い．もしロードーシスの誘発に関係するなら，行動的に確認されている雄の接触からロードーシス発現開始までの時間(160 ミリ秒)以内に強い反応が出なければならない．図7.5に見られるように，これらの部位に存在するエストロゲン感受性ニューロンは自発発火が非常に少

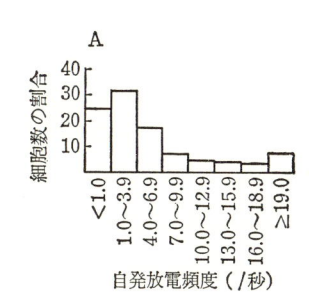

図 7.5 静止放電頻度分布
A：ラット全被検体から記録した視床下部および視索前野ニューロンの放電頻度分布．B：卵巣摘出ラットおよびエストラジオール処置ラットのそれぞれの領域におけるニューロンの放電頻度分布．
NST：分界条床核，MPOA：内側視索前野，MAHA：内側前視床下部，BM：内側基底視床下部．

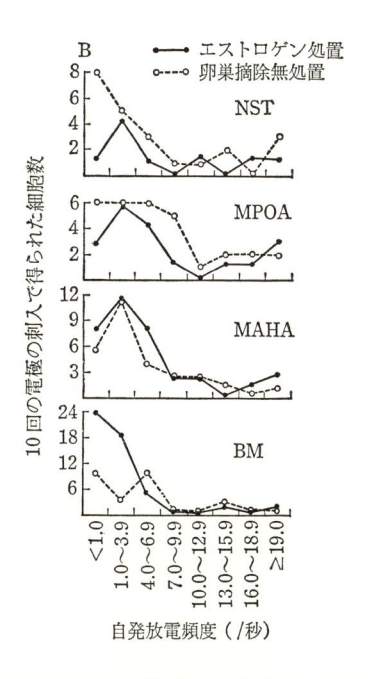

なく(<1/秒)，ロードーシスを誘発するのにはスパイク間隔も長すぎる．したがって，雄のマウントによって関連刺激が視床下部に上行し，その入力に応じて視床下部ニューロンがロードーシスの強度を決めているのではなかろう．むしろ，視床下部ニューロンは持続的にホルモン依存性の出力を下位脳幹の反射弓に送り，その興奮性を調節することでロードーシス発現にかかわっているものと思われる．

b. ロードーシスを制御する下行路

1) 脊髄下行路 脊髄を上位中枢から遮断された雌ラットはロードーシスを示さないので(Pfaff ら, 1972; Kow ら, 1977), 脳幹から脊髄へロードーシスに対して促進的な情報が送られていることになる.

ロードーシス反射に対して下行性の影響を伝達する経路として, 外側前庭脊髄路と外側網様体脊髄路の二つが知られている. 外側前庭脊髄路は外側前庭核(Deiters 核)にはじまり, その線維は前側索の腹側部を走る(Nyberg-Hansen, 1964; Petras, 1967). 外側網様体脊髄路は内側延髄の網様体にはじまり(Valverde, 1962; Fox, 1970), その線維は前側索を走る(Nyberg-Hansen, 1965; Petras, 1967).

網様体脊髄路ならびに前庭脊髄路ニューロンからロードーシスの発現に関係する深背筋の運動ニューロンへは単シナプス性の結合がある. これらの運動ニューロンは腰髄前角の腹内側境界領域にあり, 側腹部皮膚および会陰部から両側性の入力をうけ, 外側前庭脊髄路と延髄網様体脊髄路からの下行性の増幅作用により, ロードーシスの強度を決定する.

前庭脊髄路と網様体脊髄路線維はロードーシスの運動制御に適した特性をもっている. どちらも固有背筋運動ニューロンに単シナプス性の興奮結合をしており, 後肢伸展運動ニューロンに両側性に興奮入力を送っている. また, どちらも脊髄の多くの分節に側枝を出しており, 脊髄長軸方向全体にわたる背屈であるロードーシスには都合がよい. 前庭脊髄系の役割はおそらく伸筋の緊張を調節することであり, 網様体脊髄路線維は運動を開始させるように作用する.

2) 延　髄 外側網様体脊髄路の起始核である巨細胞網様核をほぼ完全に破壊すると, 有意なロードーシスの障害が見られる(Modianos と Pfaff, 1976). また, 外側前庭脊髄路の起始核である外側前庭核を破壊した場合にも, ロードーシスが減少する. これらの知見から, 延髄網様体巨細胞核ニューロンと外側前庭核ニューロンがロードーシス制御に重要な役割を果たすことがわかる.

延髄網様体巨細胞核の尾側腹内側部からは前側索に投射があり, この部位を高周波パルスで反復刺激すると, 腰部総背筋が収縮する. 刺激の個々のパルス

7.3 雌型性行動の中枢機序

に応じて一定の短潜時の筋電図ユニット反応が生じることから，網様体脊髄路線維と総背筋の運動ニューロンが単シナプス結合していることがわかる．また，巨細胞核の電気刺激は陰部神経求心路を経由する皮膚刺激に対する多シナプス性の反応を増強する．

エストロゲンを処置した卵巣摘出雌ラットの外側前庭核を電気刺激すると，ロードーシスが促進する(Modianos と Pfaff, 1975; 1977). しかし，テスト前にエストロゲンを投与せず，雌ラットが完全に非受容的な場合には電気刺激の効果はない．

このように脳幹から脊髄へ至るロードーシス経路への促進効果は外側網様体脊髄路および外側前庭脊髄路の作用に依存している．

3) **中脳** ロードーシス行動への中脳の関与として，エストロゲン依存性の視床下部からの情報を下位脳幹へ伝える働きと，ロードーシス関連体性感覚刺激の処理の二つが考えられる．

正常なロードーシス行動の発現には，中脳中心灰白質の背側部および外側部のニューロンが必要である．中心灰白質を破壊するとロードーシスが著明に減少し(Sakuma と Pfaff, 1979a)，電気刺激すると促進する(Sakuma と Pfaff, 1979b)(図 7.6). 中脳ニューロンの破壊や刺激などの処置は，後述する内側視

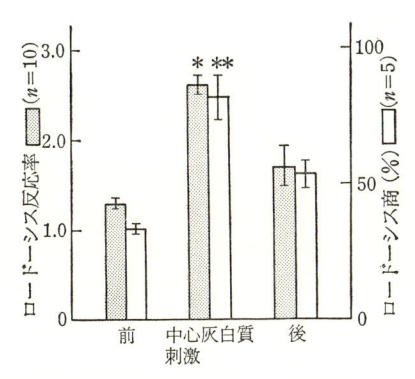

図 7.6 ロードーシス反応率(網目)とロードーシス商(白)に及ぼす両側性中脳中心灰白質刺激の効果 (Sakuma と Pfaff, 1979 b)
中心灰白質刺激でロードーシスは刺激前に比べて有意に増加している．刺激効果は 15 分以内に消失することに注意. n：被験体数．

床下部ニューロンの場合に比べて時間的にはるかに速くロードーシス行動に影響を及ぼす(Sakuma と Pfaff, 1979b)ので,両部位におけるロードーシス促進効果は異なる細胞機構によって生じているのであろう.

中心灰白質のニューロンの中には,ホルモン依存性の視床下部からの情報をうけ,それを延髄網様体へ伝える役割を果たしているニューロンがある.例えば,延髄網様体巨細胞核の電気刺激により逆行性応答が記録される中心灰白質ニューロンの多くは,ほとんど自発発火を示さないが,エストロゲンを処置す

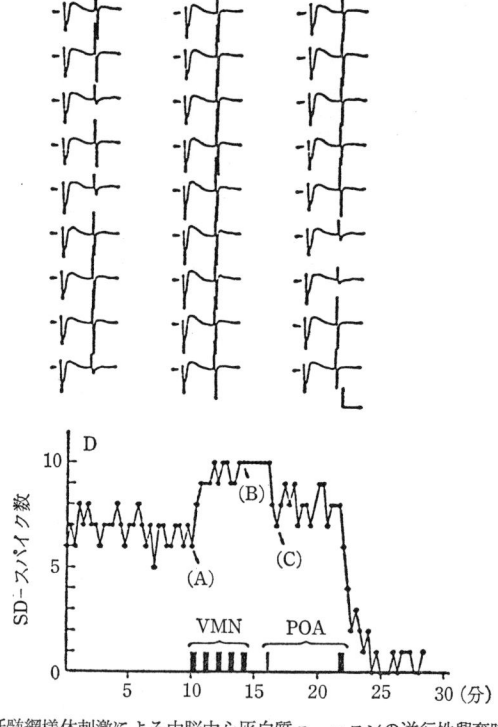

図 7.7 延髄網様体刺激による中脳中心灰白質ニューロンの逆行性興奮時におけるSD(細胞体-樹状突起)放電の継時的変化(A~C)(Sakuma と Pfaff, 1980) SD 放電の経時出現率を D に示す.腹内側核(VMN)の刺激は SD スパイクの出現率を促進し,視索前野(POA)刺激はそれを抑制した.

ると自発発火が増えてくる．また，延髄網様体巨細胞核刺激による逆行性応答は，視床下部腹内側核の刺激で促進し，視索前野の刺激で抑制される(Sakumaと Pfaff, 1980)(図7.7)．中心灰白質以外のニューロンでは，視蓋深層の背側中脳ニューロンがロードーシスの制御に関係している．この部位のニューロンは体性感覚入力，とりわけ非発情雌が有害だと感じるような皮膚刺激に対する反応性を変える働きをしているようである．

中心灰白質から腹側，内側延髄網様体に軸索が下行するが，脊髄までは達していない．中心灰白質を電気刺激すると，ロードーシスに重要な深背筋活動への網様体脊髄路ニューロンの促進効果が著明に増強される(Cottinghamら，1987)．

4) 視床下部 視床下部腹内側核を破壊するとロードーシスが減少するだけでなく，雄に対する接近反応も減少する(Clarkら，1981)．破壊後のロードーシスの減少は最も短い場合でも12時間後からはじまり，典型的には36〜60時間で最低になる(図7.8)．特に視床下部腹内側核の外側部の破壊がロードー

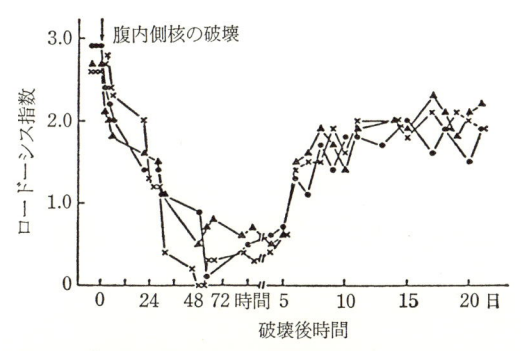

図 7.8 視床下部腹内側核の両側性破壊がロードーシスの減弱を起こした3例(Pfaffと Sakuma, 1979)
ラットには観察期間を通じてエストロゲンを連日投与した．

シスの減少と相関する．このように破壊効果が現れるまでの潜時が長いことから，視床下部腹内側核はロードーシスの反射弓に直接組み込まれているのではなく，むしろそのような反射弓に持続的なホルモン依存性の影響を及ぼしていると考えられている．

視床下部から下位脳幹へと伸びていく線維は，全体としてロードーシスに促進的効果を及ぼしている．これらの線維は，視床下部腹内側核から第3脳室周囲に沿って内側をまっすぐ下行する線維と，外側に出て内側前脳束に合流して下行していく線維の二つに大別される．この2群の線維について選択的切断を行うと，外側線維を残した場合にはロードーシスに影響はないが，外側線維が切断されるとロードーシスは顕著に障害される(Manogueら，1980)．

Pfeifleら(1980)は視床下部腹内側核のすぐ外側を傍矢状方向にナイフカットすると，ロードーシスが著明に減少することを見いだした．視床下部腹内側核から外側に出る線維が通過する中脳部位のperipeduncular核を両側性に破壊すると，ロードーシスが有意に減少する．一側の視床下部腹内側核外側カットと反対側の中脳外側部を組み合わせて破壊してもロードーシス行動が減少する(EdwardsとPfeifle, 1981)．このように，これらの外側を通過する線維を通して視床下部腹内側核は中脳細胞の活動を修飾する．電気生理学的実験では，逆行性に刺激される視床下部腹内側核から外側方向に走る線維は，エストロゲン処置動物では低い興奮閾値をもち絶対不応期も短いことが知られている．しかし，まっすぐ後方に走る線維はエストロゲンに対する変化は認められない(AkaishiとSakuma, 1986)．外側切断でもいくらかのロードーシス反応は残るので，両方の経路がそれぞれ何らかの役割をもっていると考えられるが，外側経路の方がより重要であると思われる(Manogueら，1980)．

視床下部腹内側核を電気刺激すると，エストロゲン処置雌ラットのロードーシス反射を促進する(PfaffとSakuma, 1979)(図7.9)．特徴的なのは，比較的長い刺激期間の後にロードーシス反射が徐々に増加することで，最短で15分，通常は1時間の刺激が必要である．この効果は，視床下部腹内側核の外側部を刺激したときに大きい．このように刺激効果がゆっくり現れることは，破壊の場合と同様，視床下部腹内側核がロードーシスの反射弓に直接組み込まれているわけではないことを強く示唆する．

視床下部腹内側核にはエストロゲンの取り込みが高い細胞が集まっており，この部位にエストロゲンを植え込むと性行動を誘発できる．また，視床下部腹

内側核に抗エストロゲン剤を直接投与するとロードーシスが妨害されるので，この部位におけるエストロゲンの作用が正常なロードーシス発現には必要であることがわかる(Meiselら，1985；1987)．

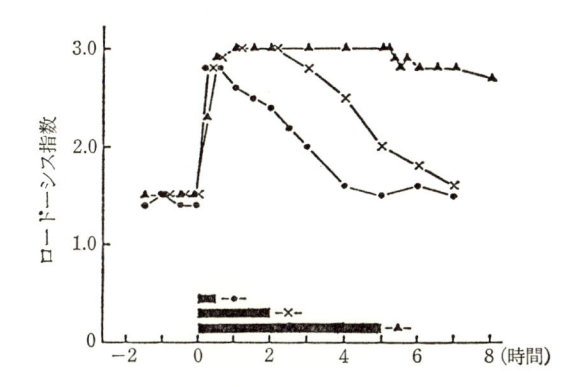

図 7.9 視床下部腹内側核の電気刺激により生じたロードーシス反射の促進を，刺激継続時間を異にした3例の雌ラットについて示す(Pfaff と Sakuma, 1979) 刺激は強度 50 μA，持続 0.2 ミリ秒の矩形波で，反復頻度 10 Hz. 30 分，2 時間，5 時間の例をあげた．

最近，視床下部腹内側核ニューロンの細胞体で合成された分子量約 70,000 の蛋白質が軸索流にのって中脳中心灰白質に運ばれることが明らかにされた(Mobbsら，1985)が，この蛋白質がロードーシス促進情報を媒介している可能性が示唆されている．

5) **前 脳** ロードーシスにおける前脳各部位の役割の中ではっきりした効果が知られているのは，内側視索前野，中隔，嗅球などにおけるロードーシス抑制作用である．

雌ラットでは，内側視索前野を破壊するとロードーシスが促進し(Law と Meagher, 1958; Powers と Valenstein, 1972; Singer; 1968)，電気刺激するとロードーシスが阻害されるので，内側視索前野はロードーシスには抑制的に働くと考えられている．これは，視床下部腹内側核の促進作用とはまったく反対であり，また雄型性行動への促進作用とも対照的である．

視索前野や視床下部に背側方向から入ってくる線維を遮断すると，ロードー

シスが促進される(YamanouchiとArai, 1979; 1980). この効果の少なくとも一部は中隔からの入力に基づいている. 外側中隔を電気凝固により破壊すると, ロードーシスが著明に促進し(Nanceら, 1974; 1975; 1977), 電気刺激を与えると抑制される. したがって, 中隔はロードーシスを抑制する役割をもつといえる(Zasorinら, 1977).

図7.10 雌ラット性行動時の内側視索前野ユニット活動
A～Cは同一ユニット活動で, Aはオシログラフ記録, Bはラスター表示, Cは平均発火ヒストグラムである. B, Cは挿入時点を基準(0の時点)として表示している. Bの各ラスター下の▲はダーティングの開始, 実線はロードーシスの期間を表す. このユニットはロードーシスとの時間的対応はないが, 挿入直後に, 約1秒あまり発火数が著明に増加し, その後数秒にわたって抑制が見られる.

7.3 雌型性行動の中枢機序

嗅球を除去するとロードーシスが増加するので，嗅球もロードーシスには抑制的に働いている(Lumia ら，1981)．雌ラットの実際の性行動中の内側視索前野のユニット活動をしらべてみると，図7.10に示すように，陰茎挿入による腟刺激に対して発火数が変化するユニットがある．内側視索前野からは，雌の能動性を反映するダーティングに対応して発火数が増加するニューロンもあった(図7.11)．

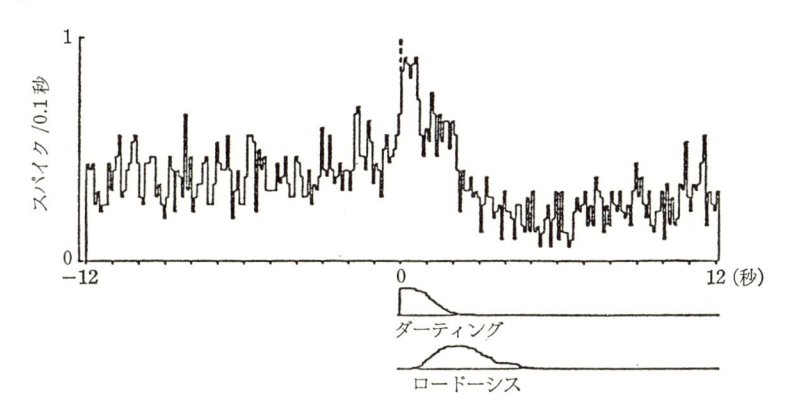

図7.11 ダーティング時に発火数が増加する内側視索前野ユニット活動(Jackson, 1972)
ダーティング開始時点(0の時点)で揃えた平均発火ヒストグラム(24.1秒間)．ダーティングとロードーシスの持続時間は発火ヒストグラムの下にヒストグラムとして表示．

c. ロードーシスの神経回路のまとめ

ロードーシス行動の神経機構について Pfaff(1988)は図7.12のように，中枢神経系の各レベルに機能的なモジュールが階層的に配列されていると考えている．

脊髄モジュールは，体性感覚入力をうけ，各脊髄分節からの入力を濾過し，脊髄より上位から下行性のロードーシス促進信号を受け取り，運動反応を始動する．

下位脳幹モジュールは，外側網様体脊髄路と外側前庭脊髄路を介して脊髄前角運動ニューロンにロードーシス促進信号を送る．

中脳モジュールは，緩徐なホルモン依存性の視床下部からの入力をうけ，そ

98　　　　　　　　　　7. 性行動の神経機構

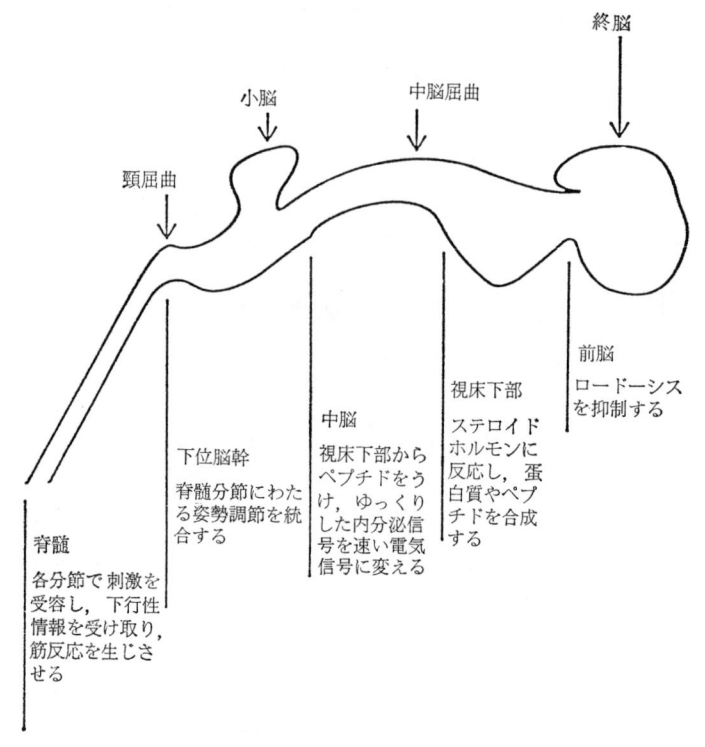

図 7.12 ロードーシス行動の神経性およびホルモン性調節における各モジュールの役割(Pfaff と Schwarz-Gibrin, 1988)

図中ラベル:
- 頸屈曲
- 小脳
- 中脳屈曲
- 終脳
- 脊髄 各分節で刺激を受容し, 下行性情報を受け取り, 筋反応を生じさせる
- 下位脳幹 脊髄分節にわたる姿勢調節を統合する
- 中脳 視床下部からペプチドをうけ, ゆっくりした内分泌信号を速い電気信号に変える
- 視床下部 ステロイドホルモンに反応し, 蛋白質やペプチドを合成する
- 前脳 ロードーシスを抑制する

れを翻訳して時間経過の速い電気信号に変え, 下位脳幹モジュールの網様体脊髄路細胞を促進する.

視床下部モジュールは, ステロイドホルモンを受容してニューロンの活動性を変えたり, 蛋白合成機構に影響を及ぼしたりして, ロードーシスの内分泌制御に主要な役割を果たす.

前脳モジュールのロードーシスに及ぼす役割については不明な点が多いが, 例えば中隔や嗅球はロードーシスの抑制に関与している.

7.4 雄型性行動の中枢機序

雄型性行動の神経機構を探る試みは, 大脳皮質などの広範囲な脳領域を除去

することからはじまり(Beach, 1940; Lasson, 1962a; 1964), 性ホルモン分泌に関連の深い視床下部を含む大脳辺縁系の破壊実験が多数実施されてきた. さらに, 破壊以外の方法による実験成績も含めて, 現在では内側視索前野が雄型性行動発現の統合部位であると理解されているので(Hart と Leedy, 1985; Larsson, 1979), ここではこの部位の求心路, 遠心路について述べる.

a. 内側視索前野 (medial preoptic area; MPO)

1) 内側視索前野の破壊　　内側視索前野を破壊すると, ラット(Agmo ら, 1977; Bermond, 1982; Brackett と Edwards, 1984; Chen と Bliss, 1974; Edwards と Einhorn, 1986; Giantonio ら, 1970; Ginton と Merari, 1977; Hansen と Drake af Hagelsrum, 1984; Heimer と Larsson, 1966/1967; Hendricks と Scheetz, 1973; Kamel と Frankel, 1978; Larsson と Heimer, 1964; Meisel, 1982; 1983; Ryan と Frankel, 1978; Singer, 1968; Soulairac と Soulairac, 1956; Twiggs ら, 1978; van de Poll と van Dis, 1979), ハムスター(Powers ら, 1987), マウス(Bean ら, 1981), モルモット(Phoenix, 1961), スナネズミ(Commins と Yahr, 1982), イヌ(Hart, 1974), ネコ(Hart ら, 1973), ヤギ(Hart, 1986), アカゲザル(Slimp ら, 1978), トカゲ(Wheeler と Crews, 1978), 魚類(Macey ら, 1974)など多くの種で交尾が障害される. したがって, この部位は雄型性行動において中心的役割を果たしていると考えられている(Hart と Leedy, 1985; Larsson, 1979; Sachs と Meisel, 1988).

経験ラットの内側視索前野-視床下部前野を破壊すると, 交尾が消失する(Heimer と Larsson, 1966/1967)(図 7.13). また, ハンドリング, 発情雌の取り替え, 背中へのショックやテールピンチなどの覚醒刺激を与えても, 交尾行動が誘発されない(Meisel, 1983). さらに, テストステロンを投与し

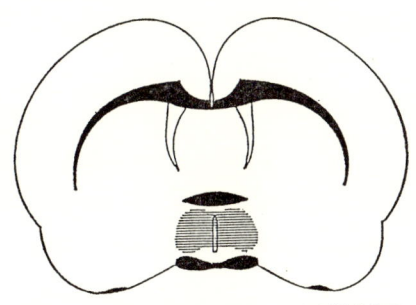

図 7.13 雄型交尾行動が消失する内側視索前野の破壊部位(Heimer と Larsson, 1966/1967)
横線の部分が破壊効果が著明に現れる部位.

ても，交尾回復効果はなく，破壊がホルモン系を介して行動に影響したものではないことを示唆している(Heimer と Larsson, 1966/1967). 内側視索前野破壊による交尾消失は，3カ月後(Heimer と Larsson, 1966/1967), あるいは8カ月後(Ginton とMerari, 1977)でも回復しない.

内側視索前野の中でも，尾側部の破壊は交尾消失効果が大で，吻側部破壊は影響が少ない(van de Poll と van Dis, 1979). また，イボテン酸の微量注入により細胞体を選択的に破壊したときにも交尾が消失するので(Hansen ら, 1982), 内側視索前野の細胞が交尾行動に不可欠な役割を果たしていると考えられる. 解剖学的には，内側視索前野内の亜核によって線維連絡(Simerly と Swanson, 1986)や神経伝達物質(Simerly ら, 1986)が相違することが証明されている. このため，内側視索前野内の小領域に限定した破壊が試みられているが，破壊が小さければ，少なくとも交尾を開始し，射精に至るという(Arendash と Gorski, 1983; Ginton と Merari, 1977; Heimer と Larsson, 1966/1977). 背側傍線条領域の破壊では，射精動物の比率が減少し，挿入潜時，射精潜時が延長する(Arendash と Gorski, 1983). しかし，これらの亜核の関与については種差があり，少なくともラットでは性的二型核(Gorski ら, 1978)の破壊は効果がない (Arendash と Gorski, 1983).

内側視索前野の大きな破壊をうけた動物が交尾をはじめないのは，性的覚醒あるいは動機づけの障害とみなされている(Chen と Bliss, 1974; Edwards と Einhorn, 1986; Ginton と Merari, 1977). この仮説を支持する知見として，破壊により交尾行動が障害されるだけでなく，性的受容雌への嗜好性がなくなると報告されているが(Edwards と Einhorn, 1986), この説はあまりに単純化しすぎである. なぜなら，破壊動物は実際に発情雌を追尾し，性器の探索を行い，スラストを伴わない不完全なマウントを試みる(Hansenら, 1984; Heimer と Larsson, 1966/1967; Meisel, 1973)からである. ネコ(Hart ら, 1973)でもイヌ(Hart, 1974)でも同様の行動が出現する. 内側視索前野破壊をうけた雄のアカゲザルは，雌に向かって交尾行動を示さないが，雌獲得のためにバー押しをし，自慰を行う(Slimp ら, 1978). すなわち，性的には覚醒するが，パート

ナーとして雌を認識したり，反応したりすることができない．したがって，破壊による行動の障害は，性的覚醒の障害ではなく，適切な行動反応を行うための感覚情報の統合が不能なためだと考えられている(Heimer と Larsson, 1966/1967; Giantonino ら, 1970).

2) 内側視索前野の電気刺激　破壊実験で得られた知見は内側視索前野-

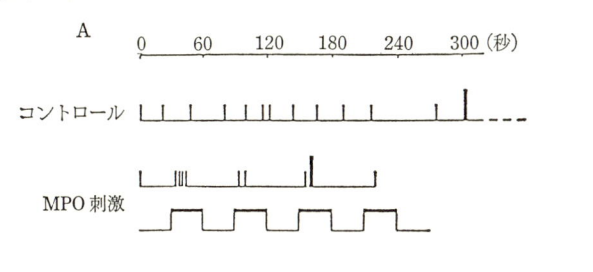

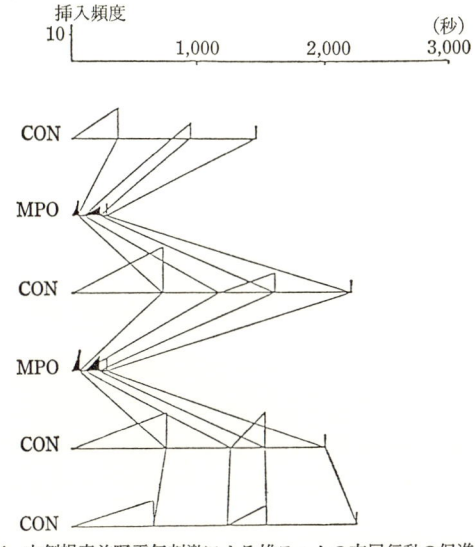

図 7.14 内側視索前野電気刺激による雄ラットの交尾行動の促進
A：低いバーは挿入，高いバーは射精を表す．電気刺激の期間は矩形波の太い横線部で示している．内側視索前野刺激オンの期間中に交尾動作が集中して生じている．B：刺激を与えないコントロールに比べて内側視索前野刺激時には交尾行動の各指標が著明に減少している．三角形の底辺は各交尾シリーズの射精潜時を，高さは挿入頻度を，次の三角形までの長さは射精後不応期を表す．

視床下部前部の電気刺激実験からも支持される．電気刺激の場合，行動への効果は破壊の場合と反対になることが予測されるが，実際に，雄ラットの内側視索前野に慢性的に刺入した電極を通して交尾行動中にこの部位を電気刺激すると，交尾行動が顕著に亢進する(HanadaとShimokochi, 1982; Malsbury, 1971; MerariとGinton, 1975; van DisとLarsson, 1971)．花田らは図7.14に示すように，30秒のオンオフモードで内側視索前野に電気刺激を加えたところ，マウントや挿入などの交尾動作が刺激オンの期間に集中する，いわゆる刺激随伴性交尾(stimulus-bound copulation)を見いだした．射精までの潜時は著しく短縮し，1回の射精までに要する挿入回数も極端に減少する．さらに，通常は5分以上かかる射精後不応期も著明に短縮する．種によっては内側視索前野の電気刺激によって陰勃茎起が生じるものである．

雄ザルの内側視索前野を電気刺激すると，雌へのタッチング，マウンティング，陰茎挿入，スラスティングという一連の交尾動作が誘発される(Koyama, 1988)．しかも，これらの行動は雌が手の届く範囲にいる場合だけ誘発され，雄やヒトなど他の対象に対しては誘発されなかったので交尾行動に特異的であると解釈されている．

3)　**交尾行動のユニット活動**　上述した脳局所の破壊や刺激実験により，特定部位の機能をある程度推定することはできるが，そのメカニズムを解明するためには，さらにニューロン活動自体を解析する必要がある．そのため，著者らは実際の交尾行動中の雄ラットからユニット活動を記録し，この部位が雄型交尾行動に重要な役割を果たしていることを裏づける知見を得ている．

図7.15は1回の追尾マウント行動前後の内側視索前野マルチユニット活動で，雄が雌を追尾する約6秒前から発射頻度が徐々に増加し，追尾中にはさらに増加してほぼ挿入と同時に発射が停止している．このように，内側視索前野ユニットの中には，外見上の運動を伴わない追尾以前から活動が増加するものがあり，これらは交尾の動機づけに関係すると考えられる．また，図7.16に示すように，雌導入前から交尾の開始，射精，さらに不応期というように，時間経過の長いユニット活動の変化をしらべてみると，雌導入前には比較的低い

7.4 雄型性行動の中枢機序

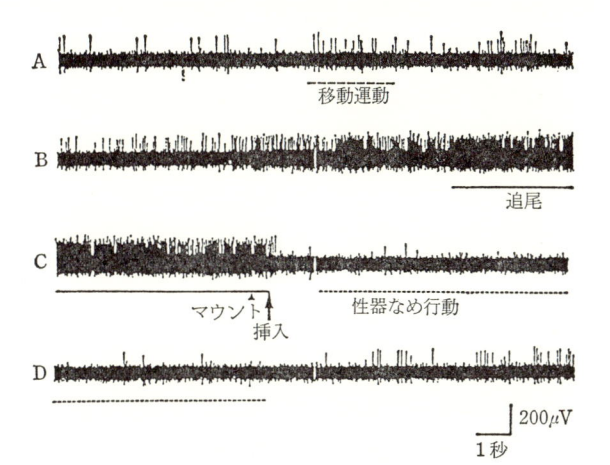

図 7.15 追尾，マウント，挿入時の内側視索前野マルチユニット活動
A は雌導入前の活動で，移動運動時にもスパイク発射数はあまり変わらない．B から D は 1 回の交尾動作時の連続記録．マルチユニット活動は追尾の 6 秒前から徐々に増加しはじめ，追尾-マウント中に最大になり，挿入とほぼ同時に発射が停止する．挿入後は約 20 秒にわたって基線レベルの発火数より減少する．

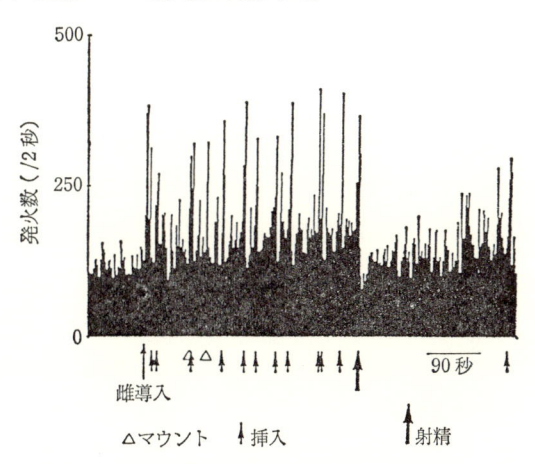

図 7.16 1 交尾シリーズ全体にわたる内側視索前野マルチユニット活動の変化
雌を導入すると，基線レベルの発火数が増加し，射精まで高いレベルを維持する．追尾-マウント行動に伴って一過性の急激な発火数の増加が認められる．

活動が雌を導入すると顕著に増加し,射精まで比較的高いレベルを維持することがわかった.この持続的な活動に重畳して,上に述べた追尾-マウント行動に伴う一過性の発射頻度の増加が認められる.射精直後には発射頻度は著明に減少し,不応期の間比較的低いレベルを保つが,不応期の終わり,すなわち次の交尾シリーズが近づくと,発射頻度も徐々に増加してくる.最近著者らは,内側視索前野には上記のような追尾に伴って活動が増加するニューロンのほかに,実際の交尾動作,すなわち挿入時の骨盤スラストと相関して発火頻度が急増するニューロンがあることを見いだした.

サルの交尾行動中の内側視索前野ユニット活動についても,次のような特徴が認められている(Oomura ら, 1983).すなわち,レバーを押すと雌と交尾できることをあらかじめ学習した雄では,レバー押し以前にすでにユニット活動が高く,レバーを押して交尾行動を開始すると活動が減少した.射精後にはユニット活動はいっそう減少し,その後,徐々に回復した.このような内側視索前野のユニット活動は,交尾行動に対する準備状態あるいは性的覚醒の程度を反映しており,交尾行動の発現に重要な役割を果たしていることを示唆するものと考えられている(Oomura ら, 1988).

4) まとめ 内側視索前野を広範に破壊すると雄型交尾行動が消失する.一方,この部位に電気刺激を加えると,交尾行動の著明な促進が見られる.実際に行動中のユニット活動を記録すると,交尾行動と特異的に関係する活動が見られる.さらに,内側視索前野はテストステロンの取り込みが高い部位であり,微量テストステロンを植え込むと去勢動物の交尾行動を回復させることができる.このような種々の知見から,内側視索前野ニューロンはテストステロンに反応して雄型交尾行動に中心的な役割を果たしていると考えられる.

b. 内側視索前野の遠心路

1) 内側前脳束 内側視索前野の線維連絡は多くが双方向性なので(Simerly と Swanson, 1986),行動に関与する入出力経路を同定することは難しい.

内側視索前野とそのすぐ外側を走る内側前脳束の間の神経連絡をナイフカットにより遮断すると,内側視索前野破壊と同じく交尾行動が著しく抑制される

7.4 雄型性行動の中枢機序

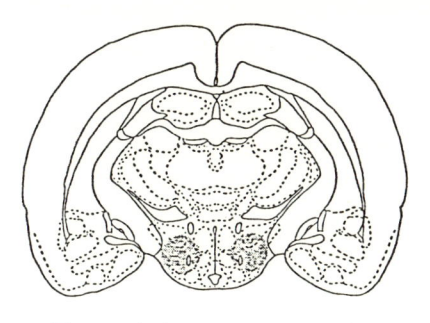

図 7.17 内側前脳束の破壊部位と大きさ

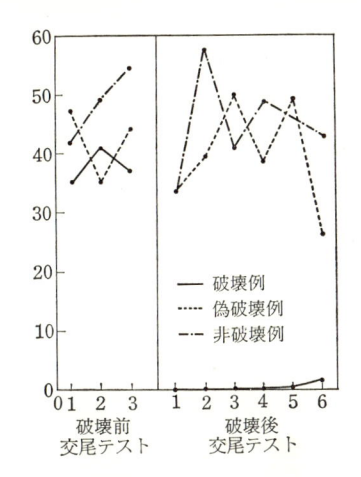

図 7.18 内側前脳束破壊による交尾の障害（Hitt ら）
術前には群間に顕著な差はないが，術後，内側前脳束破壊群では交尾が著明に障害される．縦軸は交尾反応の出現率．

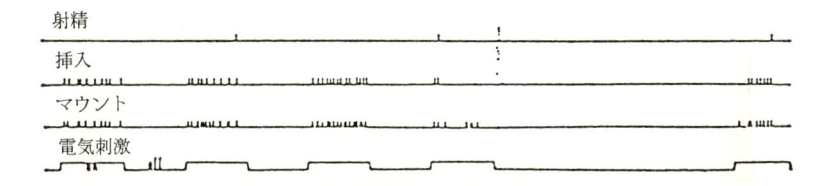

図 7.19 視床下部後部（内側前脳束）電気刺激による交尾の促進
電気刺激の持続は3分間である．

(Szechtman ら，1978)．より尾側の隆起部のレベルで内側前脳束を破壊した場合にも交尾行動が障害される(Hitt ら，1970)（図7.17, 7.18）．内側前脳束を含む視床下部を刺激すると，内側視索前野刺激の場合と同様に，挿入頻度，挿入間間隔，射精潜時，射精後挿入潜時が減少する(Caggiula, 1970; Caggiula と Hoebel, 1966; Caggiula と Szechtman, 1972; Stephan ら, 1971; Vaughan と Fisher, 1962)（図7.19）．これらの成績から，交尾行動の発現には，内側視索前野と内側前脳束との連絡が重視されている．

雄型交尾行動における内側前脳束の役割を特定するために，Hansenら(1982)は通過線維や軸索終末には影響せずに，細胞体だけを選択的に破壊するイボテン酸(Schwarczら，1979)を，内側視索前野，あるいは内側前脳束が通過する視床下部外側野へ注入した．内側視索前野への注入は以前の電気凝固の成績と同じく(HeimerとLarsson，1966/1967)交尾行動を消失させたが，視床下部外側野への注入は効果がなかった．この成績は，内側視索前野に存在する細胞体が交尾の発現に決定的な役割を果たすのに対し，視床下部外側野の細胞体は本質的ではなく，むしろここを通過する内側前脳束の線維が交尾に重要であることを示唆している．

2) 中脳外側被蓋 内側視索前野からの遠心性線維は，中脳のいくつかの部位に投射することが解剖学的に証明されている(ConradとPfaff，1976；Swanson，1976)．

BrackettとEdwards(1971)は内側視索前野から内側前脳束を経由して中脳へ投射する部位の一つである外側被蓋(黒質の外側半分の背側部)を両側性に破壊すると，内側視索前野破壊と同様に雄の交尾行動が完全に消失することを見いだした(図7.20)．一側の内側視索前野と反対側の外側被蓋を同時に破壊した場合にも，両側の内側視索前野破壊，あるいは両側の外側被蓋破壊と同じ効果がある(BrackettとEdwards，1971)．従来行われてきた種々の部位における破壊では，内側視索前野破壊に匹敵するほどの効果が見いだされていなかったので，彼女らは内側視索前野と外側被蓋を含む系が交尾の発現に必須であると考えた．

また，この部位よりやや外側の脚周囲核を含む破壊でも，交尾行動が消失する(HansenとGummesson，1982)．ちなみに，この破壊は雌においてはロードーシスや誘惑行動の減少，乳汁分泌の障害をひき起こす．さらに，イボテン酸を中脳外側被蓋に注入した場合にも，電気的破壊とほぼ同様の効果があり，この部位を通過する線維ではなく，この部位に細胞体をもつニューロンが雄，雌とも生殖行動にきわめて重要な役割をもつことが示唆されている(HansenとKöhler，1984)．交尾行動中の中脳外側被蓋のユニット活動を記録すると，約9

図 7.20 中脳外側被蓋の両側性破壊部位を示した前額断面
(Brackett と Edwards, 1971)
黒塗部は最小の破壊,打点部は最大の破壊の範囲を示す.

割が，雌の追尾，骨盤のスラスト，性器なめ行動の三つの交尾動作のいずれかに対応して発射頻度の変化を示す(図7.21)．中脳外側被蓋には性器からの感覚入力の投射が示唆されているので，一部のユニットは，一連の交尾動作を表出

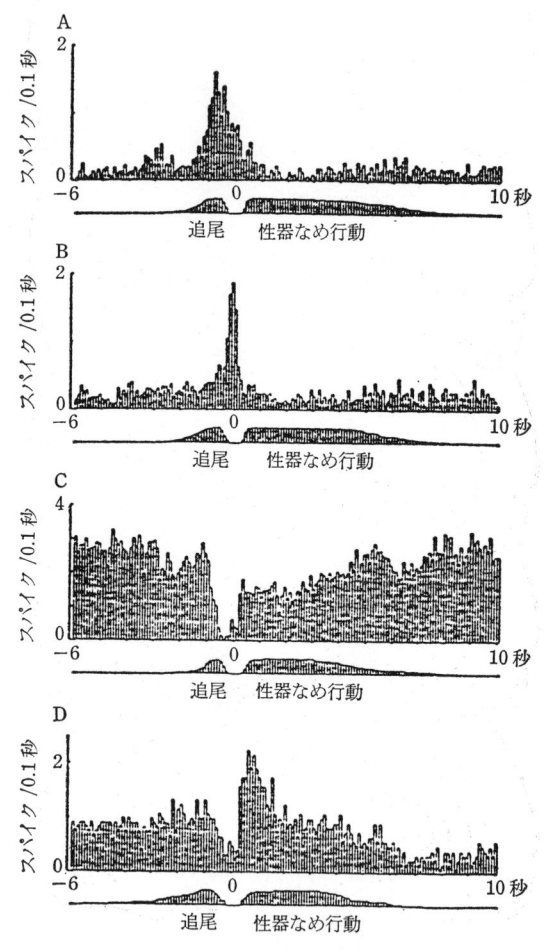

図 7.21 雄ラット交尾行動時の中脳外側被蓋ユニット活動
四つの異なる変化パターンを示す．いずれも挿入時点(0秒)で揃えた平均発火ヒストグラム．A：追尾中に発火数が増加，B：挿入に伴うスラスト時に発火数が増加，C：スラスト時に発火数が増加，D：性器なめ行動時に発火数が増加．

7.4 雄型性行動の中枢機序

するのに必要な性器からの感覚情報の処理にかかわっていると思われる．また，別のユニットは，より直接的に反射的な交尾動作に関係しているのであろう．このような個々の交尾動作に対応した特異的なニューロン発火パターンから，中脳外側被蓋は雄型交尾行動の遂行面で重要な役割を果たしていると推察される．

また，雄ラットの交尾行動中に中脳外側被蓋に電気刺激を加えて行動変化を観察すると，射精までの潜時や挿入回数がやや減少して交尾が促進する一方，30秒間の刺激オンの期間には挿入行動が抑制されるという興味深い成績が得られた（図7.22）．刺激中に交尾が抑制されたのは交尾動作，特に挿入の正常な表出に必要な感覚入力の妨害によって生じたものであろうと著者らは推察している．

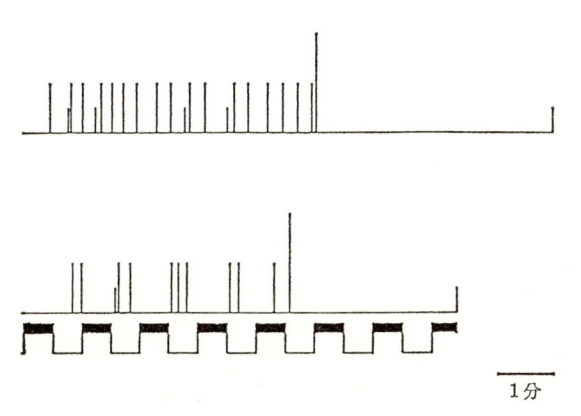

図7.22 中脳外側被蓋電気刺激による交尾行動の変化
非刺激対照セッション（上段）と刺激セッション（下段）における交尾行動．雌導入から第2シリーズの最初のマウントまでを示す．刺激オンの期間は矩形波上部の黒い横棒で表す．縦線は3種類のマウント行動出現時点を示す．最も高い縦線：射精，中くらいの縦線：挿入，最も低い縦線：挿入のないマウント．刺激セッションでは挿入はほとんど刺激オフの期間に集中し，刺激中は交尾が抑制されていることを示す．しかし，刺激セッションでは非刺激対照セッションと比較して，射精潜時が短く，射精までの挿入回数も少ない．このことは刺激セッションでは全体として交尾が促進していることを示唆する．

上述したいくつかの実験成績から，内側視索前野と中脳外側被蓋の連絡が雄型交尾行動の発現に重要な役割を果たしていると考えられる．

3) 抑制系 ラットの場合，間脳尾側部から中脳吻側部にまたがる領域の内側部に，雄型交尾行動に抑制的に働く系が存在すると考えられている(Sachs と Meisel, 1988). 中脳と間脳の境界領域を破壊すると，雄ラットの射精後挿入潜時，挿入間間隔が減少し，交尾が促進する(Heimer と Larsson, 1964). 乳頭体後部を比較的広範に破壊された雄を雌と同居させておくと，対照群に比べ腟栓が多く見つかったことから，おそらく破壊動物では交尾が促進したのであろうと推察されている(Lisk, 1966). 中脳腹側被蓋野を破壊した場合にも，不応期が短縮する(Barfield ら, 1975). 中心灰白質の腹外側部境界領域を破壊すると，射精後不応期が短縮し，1時間あたりの射精回数も増加する(Clark ら, 1975). また，中心灰白質を破壊した場合にも，雄は早いペースでマウントし，単位時間あたりの射精回数が多い(Brackett ら, 1986). これらの比較的広範な領域は，破壊によって交尾の促進が生じることから，通常，雄型交尾行動に抑制的に作用すると考えられる．内側視索前野からの遠心路は中心灰白質や腹側被蓋野に投射することが知られているので(Conrad と Pfaff, 1976; Swanson, 1976)，このような回路が雄型交尾行動においてどのように機能しているかをさらに明らかにする必要がある．

c. 内側視索前野の求心路

1) 扁桃体 扁桃体の性行動における役割については，Klüver-Bucy(Andy, 1977; Andy と Velamati, 1978; Blumer, 1970; Kling, 1968)症候群の一つである過剰性行動との関連で論じられてきた．しかし，この症状に扁桃体そのものが重要なのか，その周辺領域が重要なのかは不明(Aronson と Cooper, 1979)である．

扁桃体は基底外側部と皮質内側部に二分されるが，ラット(Giantonio ら, 1970; Harris と Sachs, 1975)やハムスター(Lehman と Winans, 1982)では基底外側部を破壊しても障害は起こらず，ラットではむしろ交尾のペースが早くなることさえある(Harris と Sachs, 1975). 一方，ラットの皮質内側部を破壊すると(Giantonio ら, 1970)，射精潜時が延長し，性的飽和までの射精回数が少なくなる．他の報告では(Harris と Sachs, 1975)，射精潜時の延長，挿入頻

度の増加，挿入間間隔の延長が認められる．興味深いのは，扁桃体皮質内側部の破壊による交尾行動の変化が，雌の行動に依存することである．すなわち，エストラジオールのみを処置した雌とテストすると，射精潜時，挿入頻度，挿入間間隔が増加するが(Perkinsら，1980)，エストラジオールとプロゲステロンの両方を処置した雌とテストすると，変化がない．雌のどの刺激特性が重要なのかは不明であるが，エストラジオールとプロゲステロンを処置された雌はダーティングなどの誘惑行動を活発に行うので，そのような強い覚醒刺激があれば，扁桃体を破壊された雄の場合にも交尾行動はあまり妨害されないのであろう．

扁桃体は嗅覚情報処理に関与することが知られており(Scalia と Winans 1975)，しかもラットの交尾行動の発現には，嗅覚情報，特に発情した雌の臭いが重要な役割を担っていることが示唆されている(Hart と Leedy，1985)ことから，扁桃体は交尾発現に関連する嗅覚情報処理に関与している可能性がきわめて高い．扁桃体皮質内側部の約40％のユニットは，発情した雌を実験ケージに導入した直後に，一過性に発射頻度が増加するが，これは雌の会陰部の探索とほぼ同期しており，嗅覚刺激による変化であると推察される(図7.23)．

扁桃体皮質内側部から分界条を通り，分界条床核さらに内側視索前野へ達する遠心性の線維連絡が証明されている(Leonard と Scott，1971)．ラットの分界条を破壊すると，射精潜時が延長し，マウント頻度，挿入頻度が増加する(Giantoninoら，1970)，分界条床核を破壊した場合も(Emery と Sachs，1976; Valcourt と Sachs，1979)，扁桃体皮質内側部破壊と同様に，挿入頻度，挿入間間隔，射精潜時が増加するので，分界条系は扁桃体皮質内側部からの遠心性の情報を，内側視索前野に送り込む働きをしていると考えられる．また，扁桃体皮質内側部や分界条床核は内側視索前野とならんでテストステロンの取り込みが高く(Sar と Stumpf，1973)，これらの部位ではテストステロンに依存したニューロンの電気生理学的特性の変化が証明されているので(Kendrick，1983b)，交尾行動への関与も深いと推測される．

一方，扁桃体基底外側部からは扁桃体腹側遠心路を通って外側視索前野・視

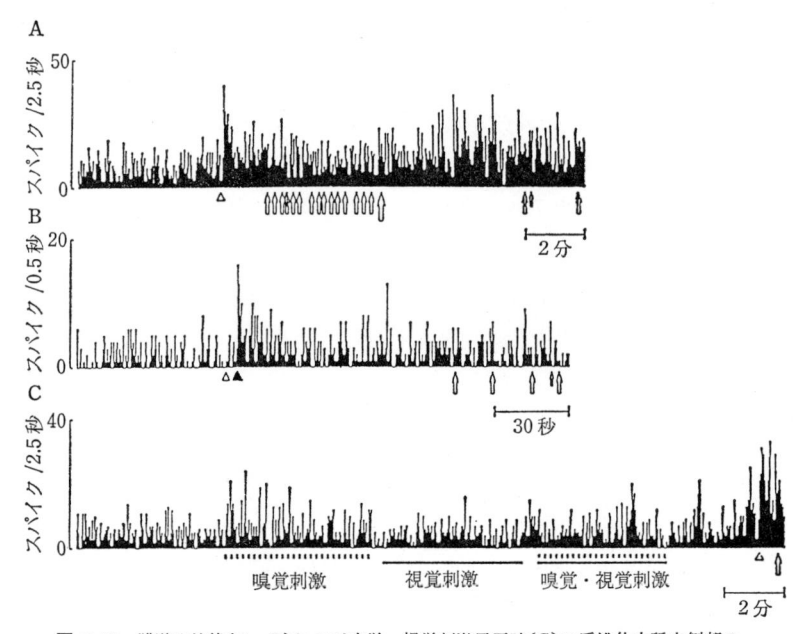

図 7.23 雌導入前後(A, B)および嗅覚・視覚刺激呈示時(C)の扁桃体皮質内側部のユニット活動(A〜Cは同一のユニット)

Bは雌導入前後の変化を時間軸を拡大して表示している．△印が雌導入時点，矢印は3種類のマウント行動を示す．いちばん大きな矢印：射精，中くらいの矢印：挿入，いちばん小さな矢印：挿入を伴わないマウント．Bの小さな▲は雌に接触した時点を示す．このユニットは雌導入直後に発火数が一過性に増加する．雌の臭い刺激を呈示すると，持続的に高い発火数を示す(C).

床下部・視床などへの投射が知られているが(Leonard と Scott, 1971)，この経路の破壊では交尾行動は障害されない(Paxinos, 1974).

2) 嗅 球 嗅球破壊は当初嗅覚剥奪を目的として行われたが，嗅球が嗅覚以外の機能にも関係することが明らかにされるにつれ，単なる嗅覚欠損の効果とは考えられなくなってきている(Hart と Leedy, 1985).

雄ラットの嗅球を摘除すると，交尾をはじめることができなかったり(Larsson, 1969; 1975; Meisel ら, 1980; Wang と Hull, 1980)，たとえはじめても行動を維持できなかったりするため(Meisel ら, 1980)，射精達成動物の割合が減少する(図7.24). 摘除後にも射精をする動物では，挿入潜時，射精潜時が延長する(Bermant と Taylor, 1969; Cain と Paxinos, 1974; Heimer と

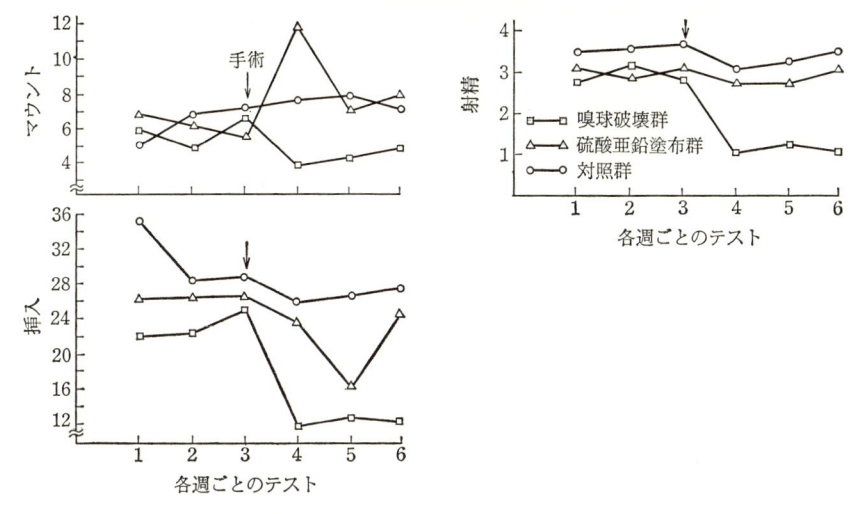

図 7.24 嗅球破壊による交尾行動の障害
嗅球を破壊すると,交尾行動が著明に減弱する.硫酸亜鉛を塗布して嗅粘膜を破壊しても,交尾行動にはほとんど変化がない.

Larsson, 1967; Larsson, 1969). また,外因性ゴナドトロピンやテストステロンを投与しても,嗅球摘除による交尾の障害は回復しなかったので(Larsson, 1969;1975; Meisel ら, 1980),嗅球摘除によるホルモンレベルの変化が原因で交尾の障害が起こったとは考えられない.交尾経験があると嗅球摘除による交尾障害は軽微であるという報告もある(Bermant と Taylor, 1969).

嗅球摘除後の交尾賦活に有効な処置は,背中への電気ショック(Meisel ら, 1980)やテールピンチ(Wang と Hull, 1980)など全般的覚醒に関係するもので(Barfield と Sachs, 1968; Caggiula ら, 1976),これらの刺激を与えると,雄は交尾して射精するが,挿入潜時や射精潜時は長く,しかも効果は一時的で,テストの次の週には効果がなくなる(Meisel ら, 1980; Wang と Hull, 1980).

嗅球摘除の代わりに硫酸亜鉛を塗布して嗅上皮を破壊すると,単独飼育では交尾障害が生じるが(Thor と Flannelly, 1977), 集団飼育では無効であった(Cain と Paxinos, 1974; Thor と Flannelly, 1977).したがって,何らかの経験要因が関係していると考えられる.

経験動物の鋤鼻器官を摘除すると,挿入潜時の延長,挿入率の減少,射精潜

時の延長が生じるが，射精は行う(SaitoとMoltz, 1986)．マウスでは鋤鼻器官の摘除により交尾動物の比率が減少する(Clancyら, 1984)ので，この種では鋤鼻器官系の役割が重要らしい．これに対して，ラットやハムスターでは鋤鼻器官は重要だが決定的ではないと考えられる．

嗅覚経路の破壊効果をしらべた実験は数少ない．嗅結節を破壊しても，交尾や雌の性器探索に影響しない(Perkinら, 1980)．内側嗅索を破壊すると交尾動物の比率がやや減少し，射精潜時が延長する(Larsson, 1971)．

3) 海 馬 これまでに報告されている海馬破壊の効果は必ずしも一致していない．背側海馬を破壊して生じたマウント頻度の増加や交尾間隔・射精後不応期の短縮は，交尾が促進されたためであると解釈されている(Bermantら, 1968; Kim, 1960)．これに対し，海馬破壊によるマウント潜時や射精潜時の延長，マウント頻度の減少などは，交尾行動が抑制されたことを示すと考えられている(Dewsburyら, 1968; Michal, 1973)．さらに，背側海馬を破壊しても，交尾行動には影響がないという報告(Kim, 1960)もある．実験手続き上の相違や，海馬損傷量の相違を考慮する必要はあるが，海馬が雄型交尾行動にどのような役割を果たしているのかは，依然として明白ではない．

一方，行動と相関した海馬電気活動の変化については，1950年代から脳波を指標とした研究が多数実施され(GreenとArduini, 1954; Vanderwolf, 1969)，次いでユニット活動の解析が進められている(O'Keefe, 1976; Ranck, 1973)．交尾行動と海馬脳波の相関については，これまでにいくつかの成績が報告されており(BarfieldとGeyer, 1975; KurtzとAdler, 1973; McIntoshら, 1984)，海馬脳波が動物の覚醒水準を表すよい指標となりうることが明らかにされている．すなわち，雄が雌を追尾するときには規則的な高振幅の海馬 θ 波が出現し，スラスト時には周波数の減少が認められる．マウント解除後には周波数はさらに減少し，不規則徐波に移行する．また，射精後の不応期にも不規則徐波が優勢となる．規則的な θ 波はマルチユニット活動の増加と，不規則非同期徐波はユニット活動の抑制と対応するので，雄型交尾行動中には海馬に興奮過程と抑制過程の両方が生じており，それは動物の全般的な覚醒水準を反映して

7.4 雄型性行動の中枢機序

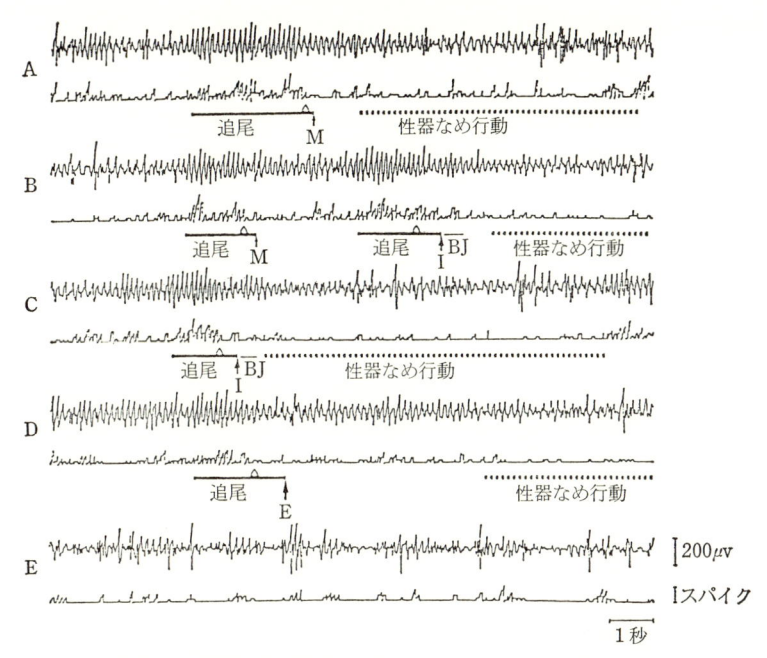

図 7.25 交尾行動中に海馬脳波(各上段)とマルチユニット活動(各下段)
いずれも同一の動物の同じ部位で1本の電極から同時に記録している．マルチユニット活動は0.1秒ごとの累積発火数として表示している．A：性器なめ行動を伴う挿入のないマウント，B：性器なめ行動を伴わず次のマウントが続行した挿入のないマウント，C：挿入を伴ったマウント，D：射精を伴ったマウント，E：射精後不応期．マルチユニット活動下の行動マーカー中，△は雌の側腹部を触診しはじめた時点，Mは挿入のないマウントの最後のスラスト，Iは挿入を伴うマウントの最後のスラスト，Eは射精を伴ったマウントの最後のスラスト，BJは後方ジャンプを示す．

いるといえる(図7.25)．

4) 大脳皮質 雄型交尾行動への中枢神経系の関与をしらべた初期の研究として，Beach(1940)の行った大脳皮質の摘除実験は名高い．すなわち，摘除部位に関係なく，皮質を20〜75％摘除すると，損傷量にほぼ比例して交尾行動が障害され，1〜19％の摘除では影響は認められない．Beachはこの成績を交尾遂行の障害ではなく，性的覚醒の障害に基づくと考察している(図7.26)．

後年，Larsson(1962a)は皮質の損傷部位によって，交尾行動への影響が異なることを示している．背外側部と内側部の摘除を比較すると，前者では12匹

中8匹で交尾行動が消失したが,後者ではほとんど影響が見られない.また,背外側部のうち,前頭部の役割が重要であることを指摘している.さらに,Larsson(1962b)は,塩化カリウムの皮質塗布による拡延性抑圧により,約2時間にわたって交尾行動が障害されることを示した.

しかし,出生直後に大脳皮質をほとんど完全に摘除された雄ラットを成熟後長期間正常な雌と同居させると,雌が妊娠することから,大脳皮質は雄の生殖能力には影響しないという成績が最近報告されている(WhishawとKolb, 1983).当然雄は交尾が可能であったわけであるが,この成績は以前の成績とは矛盾する.実験方法の相違が結果に大きく影響していると思われるが,大脳皮質摘除で雄の交尾障害を報告したLarsson(1962a;1964)も,のちに,以前の実験では摘除領域が嗅覚系に侵入していた可能性を認め,皮質の雄型交尾行動における役割は本質的ではないと見解を修正

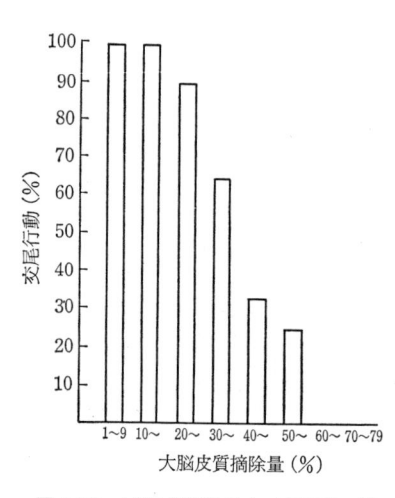

図7.26 大脳皮質摘除量と交尾行動の関係
縦軸は交尾を示した動物の割合.20%以上損傷すると,ほぼ損傷量に比例して交尾障害を示す動物の割合が増加する.

している(Larssonら, 1980).このように,少なくともラットの場合,大脳皮質は雄型交尾行動にそれほど重要な役割をもたないという考え方が支配的になりつつある.しかし,皮質摘除ラットの交尾行動パターンを詳細に検討したWhishawとKolb(1985)によれば,摘除ラットは正常ラットに比べて交尾を開始するまでの潜時が長く,誘惑行動を示さない雌と同居したときには,交尾行動がほとんど発現しないので,皮質は交尾を開始する過程に役割を果たしていると推定されている.

前頭皮質の構造や機能は種によって大きく相違するが(Kolb, 1984),少なくともサルの前頭皮質は交尾行動の発現に重要な役割を果たしていると考えられている(HartとLeedy, 1985).

d. 雄型性行動の仮想的神経回路

雄の性行動はテストステロンに依存しており，まず閾値以上のテストステロンが存在することによって，内側視索前野や扁桃体などのテストステロン受容細胞の性質を持続的に調整し，交尾行動が発現可能な準備状態を作り出しているものと思われる．雄が発情した雌を認知するのには，主に嗅覚情報に基づいていると考えられるが，この刺激は嗅球から扁桃体の皮質内側部に入力され，さらに分界条・分界条床核を経て，内側視索前野に送られる．しかし，扁桃体・分界条系は交尾開始の直接的なひきがねとして作用するのではなく，交尾開始に必要な性的覚醒レベルの上昇に強力な促進的影響を及ぼしていると考えられる．いったん交尾行動がはじまると，主導権は内側視索前野に移り，この部位が射精まで交尾行動を維持するのに中心的に機能するのであろう．また，内側視索前野には1回ごとのスラストに同期したユニットがあり，実際の交尾の遂行にも深く関係する．このように，内側視索前野は交尾行動発現における統合部位であるといえるが，実際の交尾動作遂行に関しては，内側前脳束を通過して中脳被蓋へ達する投射経路が不可欠であると考えられる．すなわち，中脳外側被蓋は性器からの感覚入力をうけ，種々の交尾動作の発現により直接的に関係するとともに，射精達成などにも関与しているものと思われる．この部位へ内側視索前野から交尾実行司令が送られ，個々の動作特異性ユニットが協調的に活動して，適切な交尾行動発現に導くのであろう．したがって，内側視索前野から内側前脳束を通過し中脳外側被蓋へ達する神経回路は，雄型性行動の遂行に基本的な機構であると考えられる．これら以外の部位が破壊された場合には，たとえ交尾の発現が障害されたとしても，何らかの代償作用が生じるために，交尾行動が消失することはないのであろう．海馬や前頭皮質はラットの雄型性行動発現に必須であるとはいえないが，交尾行動の正常な発現には，これらの部位の修飾的な作用が必要であると思われる(図7.27)．

e. サルの雄型性行動の神経機構との比較

上述した神経回路は，ラットを対象とした実験から推定したものである．内側視索前野は多くの種で雄型性行動に必須の部位であるが(Sachs と Meisel,

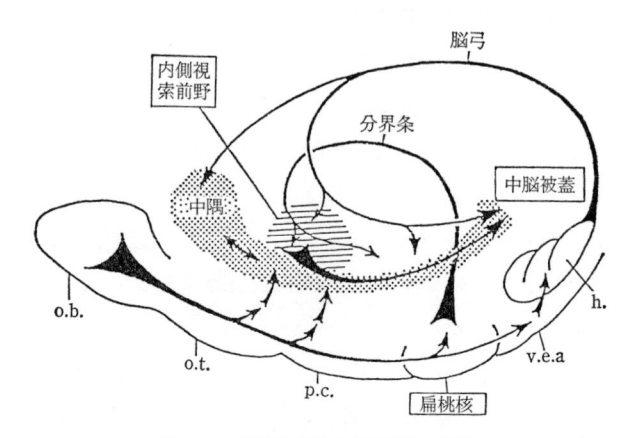

図 7.27 雄型性行動の仮想的神経回路
破壊実験の成績から推定されている模式(Heimer と Larsson, 1966/1967)
を一部改変. o.b.: 嗅球, o.t.: 嗅結節, p.c.: 梨状葉, v.e.a.: 腹側内
嗅野, h: 海馬.

1988),哺乳類の中でさえ,交尾行動パターンに大きな差異があることを考慮することを,その基礎となる神経機構にも種差があると考えるのは当然であろう.それぞれの種で,どのような神経回路がこの行動に関与しているのかはほとんど知られていないが,サルについていくつかの知見が得られているので(Aou ら, 1984; Oomura ら, 1983; Oomura ら, 1988), ラットの場合と比較してみる.

サルにおいても,内側視索前野は雄型性行動に不可欠の部位であることが明らかにされている.この部位を破壊すると,雌と交尾しなくなる(Smith ら, 1977).また,電気刺激すると,雌へのタッチング,マウンティング,陰茎挿入,スラスティングという一連の交尾動作が誘発される(Koyama, 1988).しかも,これらの行動は雌が手の届く範囲にいる場合だけ誘発され,雄やヒトなど他の対象に対しては誘発されなかったので,交尾行動に特異的であると解釈されている.さらに,交尾行動中の内側視索前野ユニット活動についても,次のような特徴が認められている(Oomura ら, 1983).すなわち,レバーを押すと雌と交尾できることをあらかじめ学習した雄では,レバー押し以前にすでにユニット活動が高く,レバーを押して交尾行動を開始すると活動が減少した.射精後にはユニット活動はいっそう減少し,その後,徐々に回復した.このよう

な内側視索前野のユニット活動は，交尾行動に対する準備状態あるいは性的覚醒の程度を反映しており，交尾行動の発現に重要な役割を果たしていることを示唆するものと考えられている(Oomura ら, 1988).

一方，内側視索前野の約 2mm 後方にある視床下部背内側核のユニットは，内側視索前野とはまったく異なった活動パターンを示した(Oomura ら, 1983). すなわち，マウンティングからスラスティングという 1 回ごとの交尾行動に一致して活動が上昇した．これは，背内側核が視索前野のように異性に対する欲求や性的覚醒状態を反映するのではなく，マウンティングや陰茎挿入，スラスティングという交尾行動の遂行そのものに関係しているためと考えられている．実際，この部位を刺激すると，タッチングやマウンティングが誘発されるという(Koyama, 1988).

このような成績から，内側視索前野は雌を得たいという欲求や性的な動機づけの形成に関与する性的覚醒機構に相当し，背内側核は個々の交尾行動の遂行を調節している実行系に相当すると考えられている(Oomura ら, 1988). 内側視索前野が性的動機づけに関与するという点では，サルもラットも共通しているが，交尾動作の実行系と考えられる部位は両者でかなり相違するように思われる．おそらく交尾動作パターンの相違に対応して，それらを媒介する神経機構が異なることを反映しているのであろう．しかし，サルの中脳の機能に関する知見が不十分なので，交尾の実行に関する神経機構がサルとラットでどの程度異なるのかは，今後の研究にまたねばならない．ラットの内側視索前野-視床下部前野には，スラストに同期して発火するユニットがあることから，この部位はサルのように交尾の動機づけに関係するだけではなく，遂行にも関与するといえる．一方，サルにおいては内側視索前野への入力情報の解析はほとんど行われておらず, 前頭皮質の関与などが推定されてはいるが(Hart と Leedy, 1985)，この点も重要な研究課題として残っている．

8. 性行動に及ぼす外部的諸要因

8.1 初期経験

ラットの養育行動には，こどもの肛門性器部をなめる行動(リッキング)があるが，母ラットは雌のこどもよりも雄のこどもに対して頻繁に肛門性器部のリッキングを行う(MooreとMorelli, 1979; RichmondとSachs, 1984). コロジオンなどで嗅覚剥奪を行うと，こどもの性による差異はなくなったり減少したりする．また，雌のこどもの肛門性器部に雄のこどもの尿をつけると，リッキングの持続時間が延長する(Moore, 1981). したがって，この行動は嗅覚に依存しているらしい．このような母親のリッキングの違いが成熟後の雄型性行動に影響する(Moore, 1981; 1984). 母親の嗅覚を剥奪し，こどものときにリッキングをあまりうけなかった雄は成熟後，性行動テストをすると，対照群に比べて射精潜時や交尾間隔，不応期が長く，射精までの挿入回数も多い．

生体の物理的な環境がホルモン分泌やその反応性に影響するように，優劣順位などの社会環境もまたホルモン機構に影響する．社会的に隔離飼育された雄や，同性とのみ同居飼育された雄では，性器の萎縮が進行する．社会的隔離を行うと，交尾が障害される種もあれば，反対に促進する種もある．社会的隔離は種によってはストレッサーとなるので，得られた結果は多数の媒介機構を介している可能性がある．

8.2 発情，非発情の認知

　ラットの交尾行動はきわめて定型的・反射的な側面をもつ．しかし，特に雄の場合には，雌に比べて経験的要因がより重要な役割を果たしていると考えられる．

　交尾経験のない雄は，たとえ発情した雌が同居していても，なかなか交尾をはじめない(Dewsbury, 1969)．交尾の期間中，雄は他個体あるいは捕食者からの攻撃に対して無防御であるから，交尾を行うためにはまず，その環境が安全であるかどうかを確認する必要があるのであろう．経験動物がすぐに交尾をはじめるのは，一つには実験状況に対する慣れが生じているためと考えることができる．

　飼育用ケージと実験用ケージでの交尾行動を比較すると，交尾出現率は飼育用ケージでの方が高いという成績も(Larsson, 1979)，このような慣れの効果として説明できる．

　交尾経験があり性的に活発な雄は，雌が誘惑行動をしようとしまいと，交尾を行う．しかし，未経験の雄はロードーシスは示すが誘惑行動を示さないような受容的な雌が同居していても，じっとしていて何もしない(MadlafousekとHlinak, 1983)．よく発情した雌が示す誘惑行動は，雄が交尾を開始するのに必要な性的覚醒水準を高める働きをしていると思われる(MadlafousekとHlinak, 1983)．未経験雄が交尾をはじめるには，そのような強い覚醒刺激が必要であるのに対し，経験動物の場合には必ずしも必要ではないと考えられる．

　また，雌の発情を識別するのにも，経験的要因が関与しているらしい．すなわち，交尾経験のある雄は非受容的な雌の臭いよりも，受容的な雌の臭いを好むが，未経験の雄にはそのような嗜好性はない(Carrら, 1970; Stern, 1970)．

　さらに，交尾の遂行に関しても，経験的要因が重要な役割を演じていると思われる．交尾経験が豊富な雄は，ほぼ一定の時間間隔で規則的にマウント・挿入行動を示すのに対し，経験の浅い動物は交尾行動の時間的パターンが不規則である．交尾が不規則に出現した場合には，雌の受胎の確率が低く(Adler, 1969)，種族保存のためには，経験により雌雄間の交尾行動が円滑に進行する

必要がある.

このほかにも,成熟以前の生育環境が交尾行動パターンに影響を及ぼすことを示した成績が多数報告されており(Larsson, 1979),一見定型的と考えられる交尾行動の場合にも,その基礎に経験による行動変容の過程を考える必要がある.

このように,自然状況に近い自発的な交尾行動に対する経験要因の影響のほかに,古く 1920 年代から,雄の性的動機づけの強さを知る目的で,さまざまな方法により学習効果の有無が調べられ,雄が発情した雌と交尾するために,レバー押しなどのオペラント行動を学習するようになることが示されている Beach と Jordan, 1956; Del Fiaccio ら, 1974; Jowaisas ら, 1971; Sachs ら, 1974; Scouten ら, 1980; Shimokochi と Hanada, 1982; Warner, 1927; Webers ら, 1982).

さらに,交尾行動に関連したホルモン分泌パターンも経験により変容することが示唆されている(Graham と Desjardins, 1980).すなわち,未経験の雄に対して,発情雌と同居させる直前に条件刺激としてサリチル酸メチルを嗅がせる訓練をくり返すと,14 回目の訓練でサリチル酸メチルの呈示だけで予期的な黄体化ホルモンとテストステロンの分泌増加が生じたという.

著者らは雄型交尾行動における学習性の変化が,どのような神経機序に基づいて発現するのかを知るために,雄ラットに一種の条件づけを行い,内側視索前野ユニット活動の変化を継時的に記録した.すなわち,観察箱を透明な仕切りで二分し,実験動物と発情した雌をそれぞれの部屋に入れ,雄には雌と交尾するために 8 kHz の純音が鳴ったら,仕切りに接近することを条件づけた.条件づけの初期の段階では純音刺激に対してユニット応答は見られなかったが,数セッションの訓練により仕切りへの接近反応が短潜時で安定して出現するようになると,純音刺激呈示期間の発射頻度は呈示直前のレベルの約 3 倍に増加した(図 8.1).雄は条件づけの結果,純音刺激が交尾開始の予告信号であることを学習し,純音刺激呈示中には雄の性的動機づけが上昇していることをこの活動は反映しているのであろう.

8.2 発情, 非発情の認知

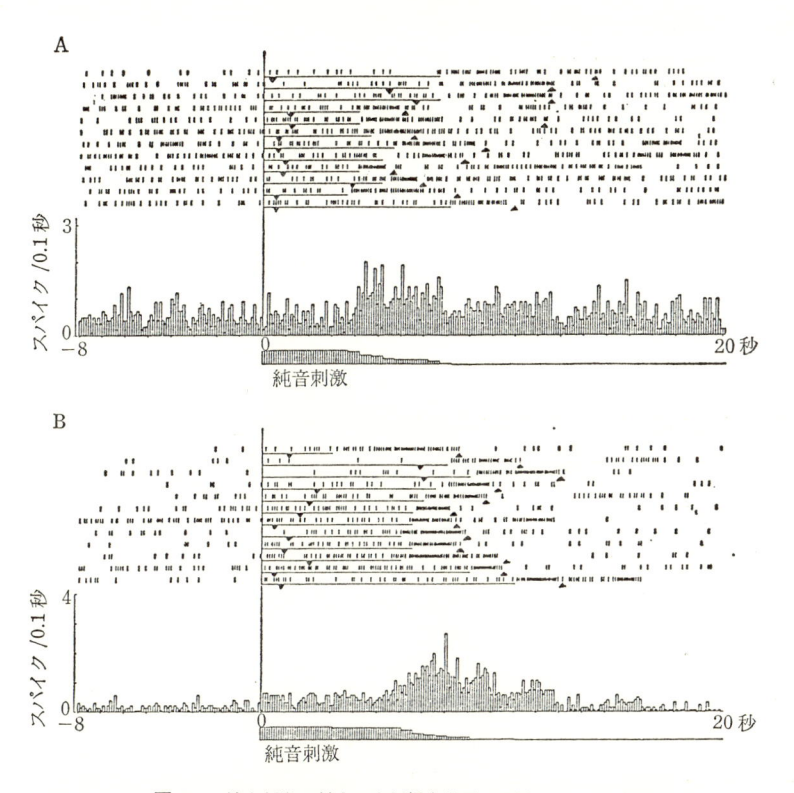

図 8.1 純音刺激に対する内側視索前野の追尾ユニットの活動

A, Bは同一ユニットで, Aが訓練4セッション目, Bは8セッション目の記録である. いずれも純音刺激開始時点で揃えたラスターとヒストグラムで28.1秒間を表示している. ラスター下の▼は仕切りへの接近が終了した時点, ▲は挿入時点, 下線は純音刺激呈示期間を表す. A, Bいずれも挿入の約2秒前から挿入直前まで発火数が急増している(追尾ユニット). Aでは仕切りへの接近反応が生じているが, 純音刺激呈示中のユニット活動に変化はない. Bでは, 純音刺激呈示により発火数がそれ以前の約3倍に増加している.

9. 養育行動

　養育行動は種の保存を目的とした動機づけ行動である．この行動は単にこどもの生命を維持し身体的成長を保証するだけでなく，母親とこどもとの関係がのちのこどもの行動パターンに大きな影を及ぼすという点で非常に重要な行動である(関口，1980；WhatsonとSmart, 1978)．また，養育行動の発現自体にも母親とこどもとの相互作用が不可欠な役割を担っている(RosenblattとLehrman, 1963)．

　これまでの研究から哺乳類の養育行動は，出産に伴う母親のホルモンレベルの変動がひきがねになってはじまり，その後，こどもとの相互作用を通じて主に視床下部・脳幹系の神経機構を媒介としつつ離乳まで維持されると考えられている(Numan, 1985)．

9.1 養育行動

　哺乳類の養育行動の神経機構に関する研究では，多くが実験室のラットの養育行動を対象としているので，まずはじめにその概略を述べる(RosenblattとLehrman, 1963)．

　ラットの妊娠期間は22〜23日である．分娩が近づくと，雌は養育用の巣をつくりはじめるが，実験室では細長くきった紙を巣材として与えることが多い．この巣は非妊娠雌がつくる睡眠用の巣よりも精巧につくられ(Kinder, 1927)，雌はその巣の中で出産する．授乳は分娩後ただちにはじまる．授乳中には，母親

9.1 養育行動

は乳首をこどもにさらすために複数のこどもの上に被いかぶさり(crouching posture)，それによってそれぞれのこどもは乳首に取りつき吸飲することができる．連れ戻し(retrieving)も分娩直後にはじまる．こどもが何らかの理由で巣から離れたような場合に，母親はこどもを探索し，そのこどもに出会うとそれを口でくわえ，巣へ連れ帰る．連れ戻し行動は母親が自分の巣の位置を変えた場合にも生じる．実験室では人為的に連れ戻し行動をひき起こすために，こどもを巣から取り去り，巣から離れた場所にあらためてこどもを置き直すという手続きが一般に採用されている．分娩後ただちにはじまるもう一つの行動は，雌がこどもの肛門性器部分をなめる(licking)行動である．これによってこどもの排泄が促されるとともに，授乳によって減少した水分や塩分の回復がはかられる(Friedmanら，1981)．

養育行動はいったんはじまると約4週間，すなわちこどもが離乳するまで維持される．しかし，養育行動の強さは一定レベルで維持されるのではなく，こどもが成長するにつれて減衰していく．連れ戻し行動も造巣行動も分娩後第2週には減少しはじめる(RosenblattとLehrman，1963)(図9.1)．MoltzとRobbins (1965)によると，授乳は分娩後20〜21日の間は減少しない．しかし，分娩後14日目から母親ではなくこどもの方が授乳の時間的パターンを決めるように

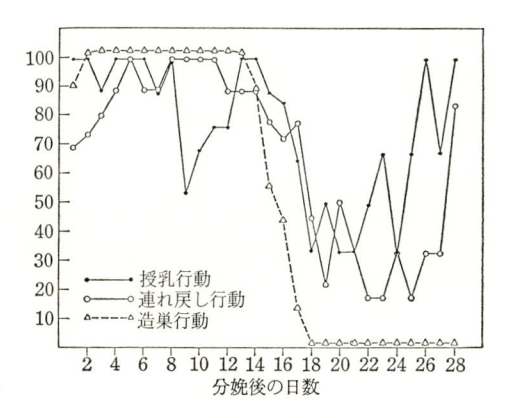

図 9.1 分娩後28日間の雌ラットの養育行動パターンの推移
(RosenblattとLehrman，1963)
縦軸はそれぞれの行動を示した雌ラットの割合を表す．

なるという．授乳は通常分娩後第4週の終わりまでに停止する．

このように，養育行動は非常に複雑な行動なので，その中のどの要素を問題にするのか，養育経験の有無でどのように行動が違うのか，妊娠，分娩，泌乳，離乳と進む経過の中で行動がどのように変容していくのかを細かく検討する必要がある．

9.2 養育行動に関与する要因
a. 感覚刺激

齧歯類を用いた研究から，母親は，嗅覚，視覚，聴覚，その他の感覚刺激を利用してはじめて効果的な養育行動を示すことが示唆されている(Numan, 1985)．

母親が利用する感覚刺激についてはじめて系統的な研究を行ったのはBeachとJayney(1956)である．彼らは分娩後の泌乳雌ラットの連れ戻し行動に関係する感覚刺激をしらべた．視覚，嗅覚または化学感覚，触覚，温度感覚の刺激がこどもに対する母親の反応性に関係していることがわかった．さらに，視覚，嗅覚，あるいは鼻面や口唇部の触覚のいずれか一つを除去した場合にも，連れ戻し行動は正常に出現した．これらの感覚のうち二つまたは三つを同時に除去したときには連れ戻し行動に何らかの障害が現れたが，その行動を完全に消失させてしまうことはなかった．興味深いことに，雄型性行動の場合にも養育行動と同様，ただ1種類の感覚剥奪では行動に影響が生じないと報告されている(Beach, 1942)．

ところで，養育経験のない処女や雄の場合にも，他の母親が生んだこどもと同居させると，はじめはカニバリズム（仔食い）を示すが，5～7日の潜時で養育的に行動するようになるという(Rosenblatt, 1967)．もちろん，処女や雄では泌乳が見られないが，こどもの上に被いかぶさってこどもに乳首をさらす授乳姿勢すら示すようになる．このような養子に対する養育行動の発現は性ホルモンに依存するのではなく，こどもからの刺激に依存していると考えられており(FlemingとRosenblatt, 1974)，養育反応発現のための神経機構は雌雄共通に

備わっていることが示唆される.

　FlemingとRosenblatt(1974)は，あらかじめ鼻腔内に硫化亜鉛を処置し，嗅覚欠損をひき起こした処女ラットにこどもを呈示すると，通常は5～7日かかる養育行動の発現が短潜時で現れることを見いだした．処女雌はいずれもカニバリズムを示さず，ほとんどの動物がこどもの呈示から24時間以内に養育行動を行った．同様の結果が外側嗅索を破壊した動物についても得られた．彼らはこどもの臭いが処女においては養育行動の開始を遅延させると考えた．

　聴覚刺激については，巣の外にはぐれてしまったこどもが超音波を発声することが知られている(Noirot, 1968)．母ラットは養育経験のないラットに比べて，この超音波に対する感受性が高いという．おそらくこどもの発する超音波が救難信号として特異的に作用しているのであろう(AllinとBanks, 1972)．

　温度刺激も養育行動にとって重要な役割を果たしているらしい．環境温が上昇すると，養育行動が障害される(JansとLeon, 1983)．また，母親がこどもに対する授乳を終えるのは，母親の体温が上昇した結果であることが示唆されている(Leonら, 1978)．

b. 性ホルモン

　妊娠，分娩，授乳に伴って母体のホルモンレベルは大きく変動し，これが一連の養育行動に重要な影響を及ぼすと考えられている(Rosenblattら, 1979). しかし，どのホルモンが養育行動に関係するのかについては依然不明な点が多い(Numan, 1985).

　RosenblattとSiegel(1975)は妊娠後期に子宮摘出を行い妊娠を中絶すると，養育行動開始が促進されることを示した．同時期の非子宮摘出妊娠雌に比べて，実験群の雌は養子の呈示後短潜時で養育行動を開始した．しかし，子宮摘出時に卵巣も摘除すると，養育行動の促進は起こらなかった．この成績から，彼らは子宮摘出が卵巣ホルモン分泌パターンを変え，このホルモン変動が養育行動の開始を促進したと考えた．

　また，SiegelとRosenblatt(1975)は妊娠16日目に子宮と卵巣摘出を受けエストラジオールベンゾエートを皮下に注射された雌は，同じ処置を受け溶媒の

オイルだけを皮下に注射された雌よりも，養子呈示後短潜時で養育行動を開始することを見いだした．これらの研究から，分娩後すぐに現れる養育行動は妊娠末期のホルモン変動，特にエストロゲンの上昇が重要であることが示唆された．

一方，このようにして分娩後すぐにはじまった養育行動は，その後ホルモン性制御を離れ，おもにこどもが発する種々の刺激に対する反応として神経系の制御のもとに維持されると考えられている(Numan, 1985)．この仮説は以下に述べるような，中枢神経系の諸部位の破壊によりホルモン分泌には影響せずに，養育行動の維持が障害されるという多くの知見に基づいている．

9.3 養育行動と中枢神経機序
a. 大脳皮質

Beach(1937)は成熟処女雌ラットを対象にいろいろな大きさの新皮質破壊を行った．その後雌に交尾させ，妊娠出産した雌の養育行動を分娩後4日間しらべた．新皮質の20%以下の破壊ではごくわずかな養育行動の障害が現れた．破壊が大きくなると，障害はより重篤になり，皮質の40%以上が破壊される

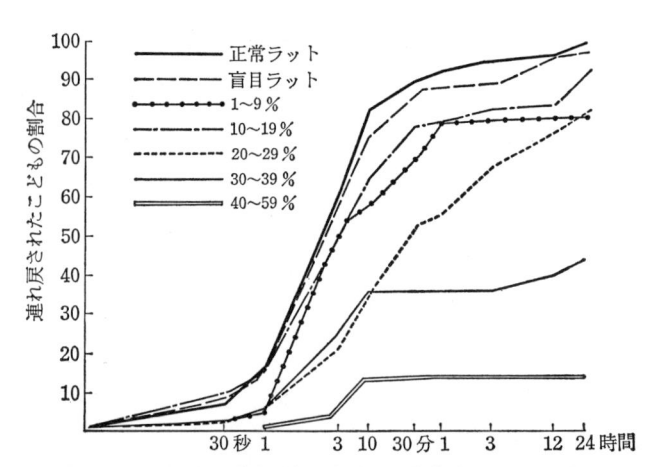

図 9.2 大脳皮質の破壊と連れ戻し行動の障害 (Beach, 1937)
横軸は1回目の連れ戻し行動テストからの時間，縦軸は連れ戻されたこどもの割合を示す．皮質の破壊が大きいと，連れ戻しも大きく障害される．

と，養育行動はほとんど完全に消失した．皮質損傷部位と損傷量をしらべた結果，養育行動障害の程度は破壊部位に関係するのではなく，新皮質の破壊量に関係することがわかった（図9.2）．

しかし，Kimbleら(1967)は新皮質がラットの養育行動の神経性調節に関連しているという知見を疑問視している．彼らは比較的広範な背側新皮質の損傷が養育行動に影響を及ぼさないことを見いだした．Beach(1937)の破壊は背側海馬あるいは帯状回にも及んだ可能性が高く，皮質破壊後に観察された養育行動の障害の少なくとも一部は，これらの部位が損傷された結果であるかもしれないとKimbleらは考えた．

したがって，ラットの養育行動における新皮質の役割を知るためには，破壊部位を限定するなどしてさらに詳細な検討を行う必要がある．

b. 帯 状 回

Slotnick(1967)は養育経験のある雌の帯状回を破壊し，養育行動を観察した．これらの雌は分娩直後から養育行動の主要な要素を示したので，養育行動の開始相は破壊により妨害されなかったと考えられる．しかし，これらの動物は連れ戻し行動テストの際に，こどもを頻繁に巣の中へ運び込んだり連れ出したりし，ケージ内の巣以外の場所にでたらめに置いた．また，巣の外で授乳姿勢を示したり，たった1匹か2匹のこどもに対してのみ授乳姿勢を示し，近くにいるこどもを無視したりした．さらに，造巣反応もばらばらで，貧弱な巣しかつくらなかった．これらの動物は種々の養育反応を行おうとしたので，養育の動機づけは妨害されていない．むしろ，種々の養育反応を効果的に連続していく統合能力が障害されたと彼は考えた．

c. 海　　馬

Kimbleら(1967)は，処女ラットの海馬采を含む広範な両側性の背側海馬破壊あるいは背側新皮質吸引を行った．その後これらの雌に交尾を行わせ，養育行動を分娩後7日間にわたって観察した．背側海馬破壊雌において，離乳まで生存するこどもが少ない，カニバリズムの増加，授乳回数の減少，貧弱な造巣などの養育行動の障害が見られた．最も著明な障害は海馬破壊雌が授乳にかか

わる時間が有意に少ないという点である．

海馬からの主要な遠心性経路の一つである海馬采を破壊した場合には，こどもの体重は偽手術雌に育てられたこどもの体重と相違なく，また，離乳まで育ったこどもの数もほぼ同じであった(Brown-GrantとRaisman, 1972)．この実験では養育行動を直接観察しているわけではないが，Kimbleらの成績が海馬采の破壊による可能性を否定するものである．

この知見はラットの養育行動における内側皮質視床下部路の役割をしらべたNuman(1974)の報告と一致する．内側皮質視床下部路は海馬台からはじまり，海馬采を通過し，交連後脳弓の主要部を通って視床下部に終わる(Nauta, 1956)．分娩後の泌乳雌ラットの内側皮質視床下部路を破壊しても，養育行動には障害が見られなかった．

しかし，TerleckiとSainsbury(1978)は海馬采の破壊で個々の養育行動要素は出現するが，行動にまとまりがなくなると報告している．

海馬采のほかに，海馬と他の脳領域を結ぶ重要な神経路は背側脳弓であり(Raismanら，1966)，視床下部の乳頭体に投射している．Slotnick(1969)は乳頭体の破壊により，Kimbleらが背側海馬破壊後に観察したのとまったく同じようにラットの養育行動が障害されることを報告している．乳頭体破壊を受けた動物の多くは連れ戻し行動に障害を示さなかったが，授乳と造巣が妨害された．

したがって，海馬は脳弓を介する乳頭体との連絡によって，授乳や造巣にかかわっていると考えることができる．

d. 扁 桃 体

扁桃体と他の脳領域を連絡する主要な遠心経路は分界条である(de OlmosとIngram, 1972)．Numan(1974)は分娩後の泌乳雌ラットの分界条を内包の背側を水平に通過するところで破壊した．しかし，この破壊は分娩後の造巣，連れ戻し行動，授乳の維持にはなんら影響を及ぼさなかった．

Flemingら(1980)は扁桃体皮質内側部あるいは分界条破壊で処女ラットの養子に対する養育反応潜時が短縮することを報告している．彼らは処女ラットに

見られるこどもの臭いに対する新奇恐怖が扁桃体の破壊により低減することが，養育潜時の短縮につながると考えた．さらに，彼らは同様の処置に加えて内側視索前野を破壊すると，養育反応の潜時短縮効果が現れなくなることから，この効果が内側視索前野を介したものである可能性を示唆した(Flemingら，1983)．

e．中隔野

Slotnick(1969)は妊娠以前に中隔破壊を行った初産ラットの養育行動をしらべた．造巣が障害され，連れ戻し行動のまとまりがなくなり，授乳は観察されなかった．連れ戻し行動テスト中，中隔破壊雌はこどもをくり返し運んでは，ケージのあちこちにばらばらに落とした(図9.3)．

FleischerとSlotnick(1978)は処女雌ラットに養子を呈示して誘発される養育行動に及ぼす中隔破壊の効果をしらべた．これらの雌の連れ戻し行動開始までの潜時は平均4から6日と対照群と変わらなかったが，造巣が障害され，まとまりのない連れ戻し行動パターンが観察された．

しかし，これらの中隔破壊は脳弓を部分的に障害しているので，観察された養育行動の障害の一部は海馬体の求心性または遠心性連絡の障害の結果であるかもしれない．

Koranyiら(1985)は中隔と内側視索前野の間の連絡を切断すると，処女や雄の養子に対する養育行動発現が阻止されることを示し，中隔から内側視索前野に養育行動発現に関する重要な情報が送られている可能性を示した．

f．内側視索前野

1) 破壊実験 内側視索前野は視床下部の吻側に位置し，ラットの生殖機能に決定的な役割を果たしている(HartとLeedy, 1985; Larsson, 1979)．内側視索前野とその連絡部位である内側基底視床下部は排卵に不可欠である(Barracloughら, 1964)．内側視索前野はエストロゲンの取り込みが高い部位の一つであり(Pfaff and Keiner, 1973)，微量エストロゲンをこの部位へ移植すると卵巣摘出雌ラットに性行動を誘発させることができる(Lisk, 1962)．内側視索前野破壊は雄の性行動を消失させ(HeimerとLarsson, 1966/1967)，この部

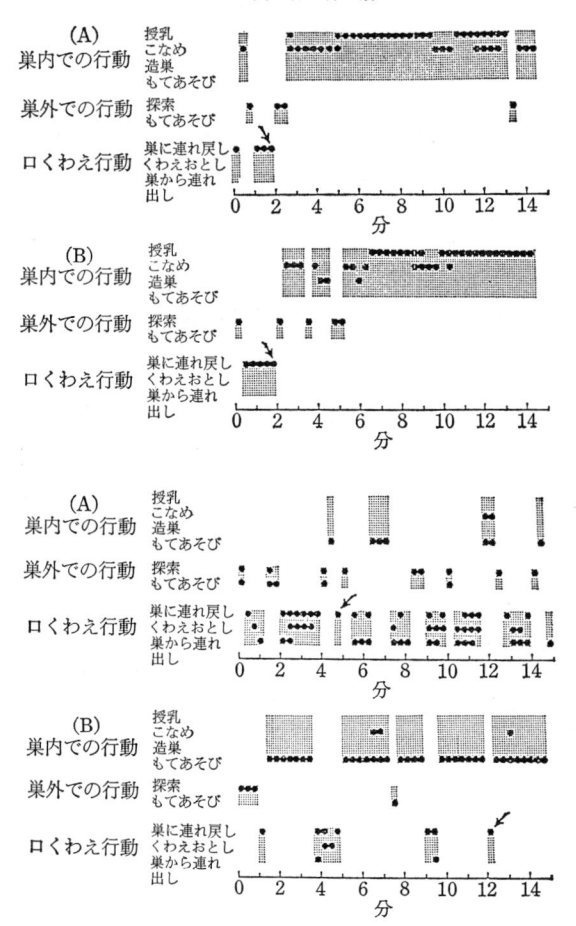

図 9.3 中隔破壊ラット2匹と,正常ラット2匹の養育行動パターン
(Fleischer と Slotnick, 1978)
正常ラット[上段(A), (B)]は,こどもがケージの中央部に置かれると,すぐにそれらを巣に連れ戻し,持続的に世話するが,中隔破壊ラット[下段(A), (B)]では,こどもを巣に連れ戻したり,巣から連れ出したり(A),こどもをもてあそんだり(B)して世話はしない.矢印はこども全部を巣に連れ戻した時点.

位へアンドロゲンを植え込むと去勢雄ラットの性行動が回復した(Davidson, 1966). Horio ら(1986)は雄ラットの交尾行動に伴って特異的に発火数が増加するニューロンを見いだした.

このようなラットの生殖機能における内側視索前野の重要性に着目して,

9.3 養育行動と中枢神経機序

Numan(1974)はこの部位の破壊が養育行動に及ぼす影響をしらべた.

処女ラットに交尾をさせ,分娩直後の12日間,授乳,連れ戻し行動,造巣などの養育行動を観察した.内側視索前野の両側破壊は分娩後5日目の行動観察が終了したのちに行い,翌日から雌とこどもを再び同居させ,分娩後12日目まで養育行動の観察を行った.

術後,一時的な体重減少が見られたが,雌はみな健康で,分娩後12日目までに体重は術前の水準に回復した.しかし,内側視索前野破壊を受けた雌は完全に養育反応がなくなった.それらの雌はこどもに近づき,なめ,その臭いをかぐものの,養育行動の三つの主要な要素はほとんど完全に消失した.どの雌も巣をつくらず,連れ戻し行動も決して見られなかった.10匹の雌のうち,9匹は授乳も示さず,1匹だけが実験期間中ただ1回のみこどもの上に授乳姿勢をとった.内側視索前野破壊を受けた雌のこどもは毎日体重減少を示したので,定期的に新しい養子と取り替えた.雌の養育反応が消失していたので,これらのこどもは観察ケージのあちこちにばらばらに置かれていた.

この実験は内側視索前野破壊が分娩後泌乳中のラットの養育行動を消失させることを示した.破壊は養育行動のホルモン性制御とは無関係だと考えられている(Rosenblatt, 1979)分娩後の養育行動の維持相で行われたため,観察された障害は下垂体機能の妨害による間接的な効果ではなく,内側視索前野破壊の直接効果と考えられる(Numan, 1974).また,この内側視索前野破壊では雌型性行動の指標であるロードーシス行動は障害されなかった.

Jacobsonら(1980)はNumanの結果を受けて,養育行動における内側視索前野内の機能分化の有無をしらべるために,分娩3日後の雌の内側視索前野の種種の小領域を細かく破壊した.破壊部位と行動との関係を検討した結果,内側視索前野の背側部が破壊されたときに,その他の部位より有意に高い確率で養育行動障害が現れた.彼らは破壊部位が大きくなるほど,養育行動の障害も大きくなると述べている.さらに,養育行動の中で,破壊の影響が大きい行動要素は連れ戻し行動と造巣であり,これらはこどもの方というより母親の方が積極的に始発する行動であるとしている.

このように，分娩後に内側視索前野を破壊すると，養育行動が大きく障害されることがわかった．これらの成績から，内側視索前野はホルモン制御とは独立な養育行動の維持機構に深く関係するという仮説が提唱された(Numan, 1974)．

ところで，前述したように，処女ラットに養子を呈示し続けると，約5～7日の潜時で養育反応を示すようになる(Rosenblatt, 1967). この養子呈示による養育反応の出現は，非ホルモン依存性の養育行動開始機構の存在を示唆するものであるが，Numan ら(1977)はこの現象と内側視索前野の関連をしらべた．

処女雌ラットに卵巣摘出と内側視索前野破壊を行い，2週間後，雌に巣材とテスト用の養子を与えた．それから養育行動の観察をはじめ，毎日新しい養子を供給しながら14日間観察を続けた．

行動テスト期間中雌はみな健康で体重も偽手術対照群と同等であったが，内側視索前野破壊を受けた処女雌ラットの養育行動の開始は非常に妨害された． 2日間連続して巣をつくり，連れ戻し行動を行い，こどもに授乳姿勢を示すことを完全な養育行動の出現基準としたが，偽手術対照群が5～7日の潜時で養育反応を示したのに対し，内側視索前野破壊を受けた12匹の雌はいずれも14日のテスト期間内にはこの基準に達しなかった．この成績から，内側視索前野は非ホルモン依存性の養育行動の開始相にも関係することが示唆された．

2) **エストロゲンの植え込み**　　上述した実験は内側視索前野がホルモンに依存しない養育行動の維持と開始に関連することを示唆している．一方，養育行動の開始はエストロゲン投与で促進される(Siegel と Rosenblatt, 1975). 内側視索前野はエストロゲンの取り込みが高い部位であることから(Pfaff と Keiner, 1973)，この養育行動開始の促進はエストロゲンが内側視索前野に直接作用した結果であるかもしれない．

この可能性を検討するため，Numan ら(1977)は処女ラットに交尾させ，妊娠16日目に子宮と卵巣を摘出した．実験群には一側の内側視索前野にエストラジオールベンゾエート結晶を植え込んだ．対照群として内側視索前野にコレステロールを植え込むか，エストラジオールベンゾエートを視床下部腹内側核，

乳頭体，または皮下に植え込んだ動物を用いた．毎日新しい養子を与えたが，この手続きは養育行動が現れるまで，または5日経過するまで続けた．2日間連続して巣をつくり，連れ戻しを行い，こどもの上に授乳姿勢を示した雌を養育的に行動したと見なし，これらの行動が観察されたはじめの日を養育行動開始潜時とした．

内側視索前野にエストロゲンを植え込まれた雌12匹のうち10匹は養子呈示の初日にすでに養育反応を示し，この潜時は残り四つの群に比べて有意に短かった．対照群の養育反応潜時には群間の有意差は認められなかった(図9.4)．

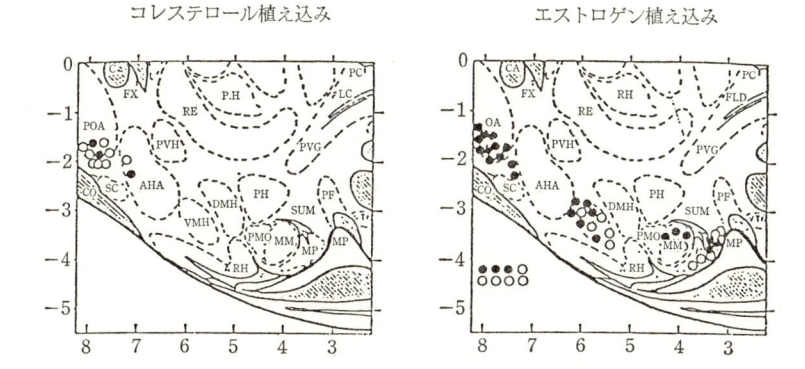

図 9.4 妊娠16日目に子宮と卵巣を摘出した雌ラットの間脳へのエストロゲン，またはコレテステロールの植え込み部位(Numanら，1977)
●は連れ戻し行動が1日以内に出現した植え込み部位，○は1日以上たって出現した植え込み部位を示す．de Groot(1960)の脳図譜に基づき，矢状面を示している．内側視索前野(POA)エストロゲン植え込み群では12例中全例，腹内側核(VMM)植え込み群では11例中6例，乳頭体(MM)植え込み群では12例中6例，内側視索前野コレステロール植え込み群では11例中3例で1日以内に連れ戻した行動が出現した．

これらの成績から，彼らは内側視索前野へのエストロゲン植え込みで観察された養育反応潜時の短縮は，カニューレ植え込みによる内側視索前野への非特異的刺激や，エストロゲンの全身循環への漏出のためではなく，エストロゲンが内側視索前野に直接作用した結果であると結論した．

FahrbachとPfaff(1986)は非妊娠ラットの卵巣を摘出し，内側視索前野にエストロゲンを植え込んだところ，Numanらの成績と同様，養育反応開始潜時が短縮することを見いだした．

これらの知見は，養育行動開始に関係するエストロゲンの作用は内側視索前野を媒介とすることを示唆する．

3）神経興奮毒による破壊 近年，脳局所に微量アミノ酸を注入して神経細胞体を破壊し，その部位を通過してゆく線維は無傷で残すという，選択的な破壊方法が広く用いられるようになってきた（Fuxe ら，1984）．従来の電気凝固のような方法は，破壊が細胞体にも神経線維にも非選択的に及ぶため，破壊後の行動への効果が破壊部位にある細胞の脱落によるものなのか，あるいは単にその部位を通過しているだけの線維の破壊によるものなのかを決定できないという難点があった．この方法の開発により，従来の非選択的破壊の行動へ及ぼす効果を再検討することが可能になった．

養育行動に関しては，この選択的破壊法はまだほとんど行われていないが，最近 Numan ら（1988）が N-メチル-D, L-アスパラギン酸（N-methyl-D, L-aspartic acid; NMA）を内側視索前野に微量注入して，以前の電気凝固による破壊

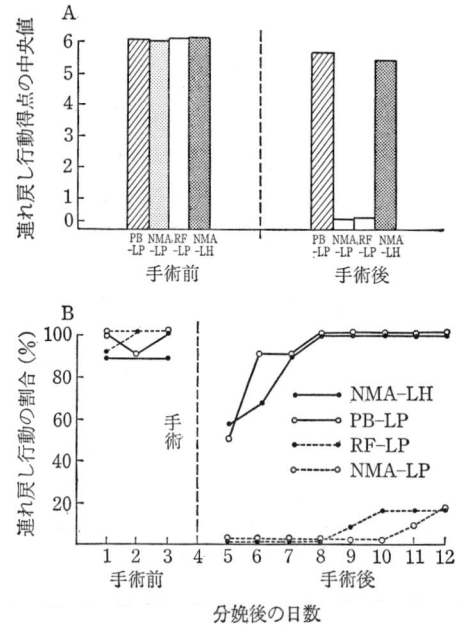

図 9.5
A：分娩後ラットの手術前および手術後の連れ戻し行動得点．Mann Whitney U test の結果，NMA-LP（外側視索前野の NMA による破壊群）と RF-LP（外側視索前野の高周波電流による破壊群）は，PB-LP（対照としてリン酸バッファを外側視索前野に注入した群）および NMA-LH（視床下部外側野の NMA による破壊群）と比較して手術後の連れ戻し行動得点が有意に少ない．B：毎日の 15 分間のテスト中に呈示したこどもをすべて連れ戻した雌の割合（Numan ら，1988）．

効果と比較している．NMA 注入動物は健康で，体温や活動性も非破壊動物と変わらなかったが，連れ戻し行動，造巣，授乳が著しく障害されて，電気凝固による破壊実験の成績とほぼ同様の結果が得られた(図9.5)．この成績から，彼らは内側視索前野を通過してゆく線維ではなく，内側視索前野に細胞体をもつニューロンが養育行動の発現には不可欠であると結論した．

4) 求心路　内側視索前野両側破壊による養育行動の障害は，内側視索前野の細胞体が養育行動に不可欠な役割を果たしていることを示唆する．当然，内側視索前野への求心路が重要な情報を送り込んでいるものと思われる．

Numan(1974)は内側視索前野両側破壊の対照実験として，内側視索前野への求心路である分界条あるいは内側皮質視床下部路切断を行ったが，いずれの群にも養育行動の障害は認められなかった．

しかし，すでに述べたように，最近の知見は扁桃体(Fleming ら，1983)や中隔(Koranyi ら，1985)からの入力が内側視索前野を介する養育行動の発現に重要な役割を果たしていることを示唆している．養育行動の神経機構を明らかにするうえで，このような内側視索前野への求心路を同定することも今後の重要な課題である．

5) 内側視索前野周囲のナイフカット　内側視索前野はエストロゲンの取り込みが高い部位であり(Pfaff と Keiner, 1973)，実際に微量のエストロゲンを内側視索前野に移植することによって，養育行動の開始が促進された(Numan ら，1977) ので，内側視索前野の細胞がエストロゲンに反応し，養育行動の発現にあずかっていると考えられる．これまでに報告されている破壊効果をまとめると，辺縁系破壊では個々の養育反応は出現するがその時間的空間的まとまりがなくなるのに対し，内側視索前野破壊の場合には，養育反応そのものが消失したり減少したりするので，内側視索前野破壊は養育反応の出現にかかわっている可能性が高い．すなわち，内側視索前野の出力細胞が養育行動に不可欠であると考えられる．そこで次に問題になるのは，養育行動の発現に本質的なのは内側視索前野からどの部位への遠心性投射であるのかという点である．

内側視索前野の広範な非選択的破壊の場合には，この部位の吻側，背側，尾

側, 外側方向から出入りする経路の大部分を破壊してしまう. そこで, Yokoyama ら(1967)は分娩後ラットの種々の部位を限局性にナイフカットし, 泌乳と養育行動に及ぼす効果をしらべた. 彼らの成績で特に重視されるのは, 内側視索前野・視床下部前部の尾側での冠状切断は養育行動を妨害しなかったことである. すなわち, 内側視索前野・視床下部前部とその後方の内側基底視床下部との連絡は養育行動の維持には不可欠ではないことが示唆された.

内側視索前野からの遠心路として, 尾側へそのまま下行する経路のほかに, 外側方向へ出て内側前脳束中を下行し, 脳幹の諸部位に投射する経路が知られている(Conrad と Pfaff, 1976; Swanson, 1976), Avar と Monos(1969)は妊娠16ないし17日目のラットを対象に, 内側前脳束が通過する外側視床下部領域を両側性に破壊した. 実験動物の分娩は正常であったが, その後のこどもの生存率が少なく, 養育行動の障害が認められた. このことから, 内側前脳束を通る線維が養育行動の発現に重要な役割を果たしている可能性が示唆された.

Numan(1974)は内側視索前野・視床下部前部とその外側を走る内側前脳束との神経連絡が養育行動に本質的であるかどうかをしらべた. 分娩後5日目の雌を対象に, 内側視索前野の吻側端から視床下部前部の尾側端まで傍矢状方向に, 内側視索前野・視床下部前部の外側端をナイフカットした. この線維切断手術を受けた雌は, 内側視索前野両側破壊を受けた雌と同様, 造巣や連れ戻し行動を示さず, 授乳も減少した.

また, Terkel ら(1979)はもっと小さな範囲のナイフカットが養育行動に及ぼす影響をしらべた. 内側視索前野の中でも特に背外側部のナイフカットにより, この部位を横切る線維を切断すると, 分娩後泌乳ラットの連れ戻し行動と造巣が消失した. しかし, Numan(1974)のナイフカットと異なり, 授乳は障害されなかった.

これらの知見は内側視索前野とその外側方向との連絡が, 分娩後泌乳雌ラットにおける養育行動の正常な発現には不可欠であることを示唆する.

Numan と Callahan(1980)は, この内側視索前野の外側連絡経路が, 養育行動の維持相だけでなく, ホルモン依存性の開始の面にもかかわっている可能性

をしらべた．妊娠16日目に子宮と卵巣を摘出し，エストロゲンを全身性に投与する処置は養育行動の開始促進効果をもつことが明らかにされているが(Siegel と Rosenblatt, 1975)，彼らはこの処置に加えて，内側視索前野の吻側，背側部，外側部，あるいは尾側の線維連絡を切断した．背側部および尾側切断群は，養子呈示後2日で養育行動を示したが，外側部切断群はほとんどが10日間の実験期間中には養子に対して養育行動を示さなかった．吻側部線維切断群でも養育行動が認められなかったが，この場合には外側部切断と異なり，活動性低下，体重減少などの二次的効果であると結論された．

このようなナイフカットによる実験から，内側視索前野の外側方向との連絡は養育行動の維持相にも，開始相にも重要な役割をもつことが明らかになった．

g. 黒　　質

内側視索前野から内側前脳束を通り黒質への投射が解剖学的に証明されている(Conrad と Pfaff, 1976; Swanson, 1976)．黒質はドーパミン作動性ニューロンの起始核で(Ungerstedt, 1971)，錐体外路系の運動制御に重要な役割を果たす(Caggiula ら, 1979)．前述したように，内側視索前野破壊の影響が大きい行動は，連れ戻し行動や造巣などの比較的能動的要素であった．このことに着目して，Numan と Nagle(1983)はこれらの能動的な運動発現に黒質系が何らかの役割を果たすことを予測した．分娩後に行った黒質の両側性の破壊は，連れ戻し行動，造巣，授乳に大きな障害をもたらしたが，障害は一時的なもので，4日経過後ほぼ正常に回復した．一側の黒質破壊と反対側の内側視索前野外側ナイフカットを組み合わせた非対称破壊でも，黒質両側破壊と同様の養育行動の一時的な障害が現れた．このように，黒質破壊は内側視索前野破壊のような養育行動の長期的な障害ではなく，一時的な障害をもたらしたのみで，その持続期間も短かったことから，彼らは内側視索前野から黒質へ至る経路は養育行動の発現に直接関与するのではなく，間接的にかかわるのであろうと結論した．

Szechtman ら(1977)は弱いテールピンチを行うと，処女ラットの養育行動開

始が促進されることを見いだした．養育行動と同じくテールピンチにより誘発される摂食行動や交尾行動は，テールピンチが黒質線条体ドーパミン系を賦活し，その結果，生体の外界刺激に対する感受性が増加するためと考えられている(Antelmanら，1975)．したがって，黒質破壊による一時的な養育行動の障害は，このような非特異的な賦活機構が妨害された結果であると考えることができる．

h. 腹側被蓋野

中脳腹側被蓋野は中脳辺縁系および中脳皮質系ドーパミン細胞の起始核で(Ungerstedtら，1971)，運動制御や生体の反応調節との関連が示唆されている(Mogensonら，1980)．腹側被蓋野は内側前脳束を介して，内側視索前野と連絡しており(ConradとPfaff, 1976; Swanson, 1976)，養育行動との関連が予測される部位の一つである．GafforiとLe Moal(1979)は妊娠以前に腹側被蓋野の両側破壊を受けた雌が妊娠，出産後にカニバリズムを示し，養育反応を示さなかったと報告している．また，NumanとSmith(1984)は分娩後の雌の腹側被蓋野両側破壊の場合にも，一側の腹側被蓋野とその対側の内側視索前野外側部切断を同時に行った非対称破壊の場合にも，連れ戻し行動，造巣にきわめて重大な障害を認めた(図9.6)．黒質破壊の場合と異なり，腹側被蓋野破壊に

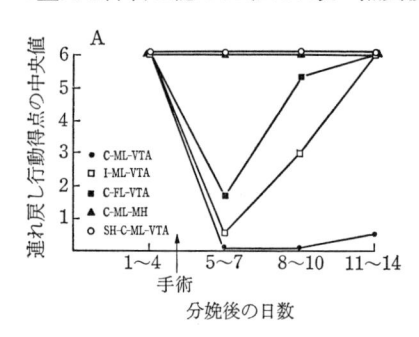

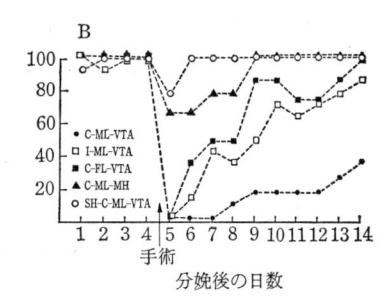

図 9.6 手術前および手術後の連れ戻し得点の中央値(A)と毎日の15分間のテストで連れ戻し行動を示した雌の割合(B)(NumanとSmith, 1984)

C-ML-VTA: 一側の内側視索前野の外側部ナイフカットと反対側の腹側被蓋野破壊を受けた雌．I-ML-VTA: 一側の内側視索前野の外側部ナイフカットと同側の腹側被蓋野破壊を受けた雌．C-ML-MH: 一側の内側視索前野の外側部ナイフカットと反対側の内側視床下部の破壊を受けた雌．C-FL-VTA: 一側の外側視索前野の外側部ナイフカットと反対側の腹側被蓋野破壊を受けた雌．SH-C-ML-VTA: 偽手術を受けた雌．

よる養育行動の障害は長期にわたった．Numan らはこの成績から，内側視索前野と腹側被蓋野を含む回路が連れ戻し行動や造巣のような口の動きに関係する養育行動の発現に重要であると考えた．

Fahrbach ら(1986)は内側視索前野のエストロゲン取り込みニューロンの一部が直接腹側被蓋野へ投射していることを明らかにした．先にも述べたように，内側視索前野のエストロゲン感受性ニューロンは分娩直前のエストロゲン上昇に反応して養育行動の開始に関与すると考えられている(Siegel と Rosenblatt, 1975)．したがって．内側視索前野から腹側被蓋野への直接投射系は養育行動の開始に重要な役割を果たしていることが示唆される．

i. 中脳外側被蓋

内側視索前野から内側前脳束を通って遠心性に投射する部位の一つに中脳外側被蓋がある(Conrad と Pfaff, 1976; Swanson, 1976)．この部位はラットの生殖行動に深く関与することが明らかになりつつある(Brackett と Edwards, 1984; Hansen と Gummesson, 1982; Shimura と Shimokochi, 1988; Shimura ら，1987)．Hansen と Gummesson(1982)は中脳外側被蓋を電気凝固により破壊すると，ラットの雄型および雌型性行動や射乳が妨害されると報告した．さらに，彼らは，その効果が中脳外側被蓋の細胞体の破壊によるのか，通過線維の損傷によるのかを明らかにするため，通過線維や神経終末には影響せず，細胞体のみを選択的に破壊するイボテン酸を中脳外側被蓋に注入して，性行動や泌乳に及ぼす効果をしらべた(Hansen と Köhler, 1984)．イボテン酸を注入された母ラットの乳腺の機能は正常であったが，こどもの吸引刺激に対して生じるべき射乳反射が障害されていることがわかった．また，中脳外側被蓋破壊動物では雄雌ともに性行動が著しく障害された．その他の養育行動の要素については，中脳外側被蓋を電気凝固した場合にも巣を維持し，授乳姿勢を示したと述べていることから，障害は少ないと推測される．このように，中脳外側被蓋の細胞は射乳反射経路の一部を構成していると考えられる．

母ラットはこどもの養育期に他の時期に比べて多食になり(Fleming, 1976)，雄の侵入者に対してより攻撃的に振る舞い，恐怖反応が低下するといわれてい

る(Erskineら, 1978)．HansenとFerreira(1986)は中脳外側被蓋破壊を受けた母ラットの摂食量が増えず，攻撃性も増加しないが，恐怖反応は正常な母ラットと同じく低下することを見いだした．彼らは中脳外側被蓋と射乳反射との関連から，母ラットにおける摂食や攻撃性の変化はこどもの吸引刺激と何らかの関係をもつことを示唆した．一方，恐怖反応の低下は吸引刺激以外の要因が関与していると考えた．この結果から，中脳外側被蓋は養育行動の発現そのものに直接関連するわけではないが，こどもを離乳まで養育する過程で必要となる種々の生理的変化と関係すると考えられる．

j. 室旁核

視床下部の室旁核にはオキシトシン分泌ニューロンがあり，射乳反射に決定的な役割を果たしている(SummerleeとLincoln, 1981)．NumanとCorodimas (1985)は内側視索前野から外側方向へ出る線維の一部が室旁核へ投射していることに注目し，室旁核の両側性の破壊，あるいは室旁核外側端のナイフカットを行った．分娩後に破壊を受けた雌では，こどもの体重増加が見られなかったことから，オキシトシン分泌の障害により射乳反射が消失したと思われる．しかし，養育行動の大部分の要素は，破壊によって障害されず，室旁核は養育行動の維持には直接関係しないと見なされた．さらに，オキシトシン分泌は正常な養育行動の維持には直接関係しないことが示唆された．

k. 内側視索前野と腹側被蓋野との関係

これまでの破壊実験の成績から，NumanとSmith(1984)は内側視索前野から外側に出て内側前脳束を通って腹側被蓋野へ至る経路が養育行動の発現に最も重要であろうと述べている．解剖学的には，内側視索前野と腹側被蓋野の連絡は直接投射のほかに，外側視索前野でニューロンを変える投射が知られている(Mogensonら, 1980; Swanson, 1976)．そこで，Numanら(1985)はどちらの経路が養育行動に重要であるのかを明らかにするため，完全な養育行動を示す泌乳ラットの視床下部腹内側核のレベルで内側前脳束の背側あるいは腹側を両側性に西洋ワサビ過酸化酵素(horseradish peroxidase; HRP)を塗布したナイフで冠状に切断した．雌の養育行動を術後4日間しらべ，その後逆行性に

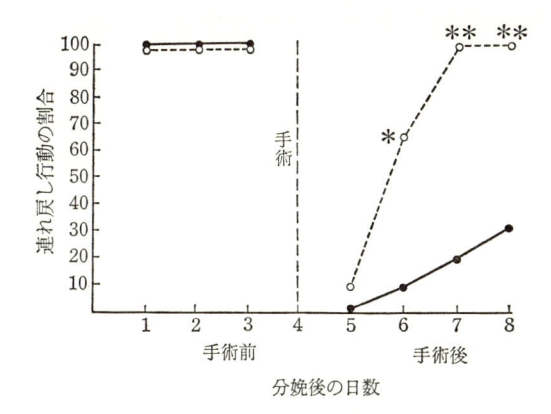

図 9.7 毎日の 15 分間のテスト中に呈示したこどもをすべて連れ戻した雌の割合(Numan ら, 1985)
●は視床下部外側野の背側カット, ○は同腹側カット.

HRP を取り込んだニューロンを組織学的に検索した(図 9.7).

背側切断は養育行動を非常に障害したが,腹側切断は影響がなかった.腹側切断では内側視索前野および中隔・対角帯で多くの HRP 標識ニューロンが見つかった.背側切断では外側視索前野,巨大細胞性視索前野,分界条床核,腹側被蓋野,黒質,および中心灰白質で多くの HRP 標識ニューロンが見つかった.

この結果から腹内側核レベルの内側前脳束の腹側部を経由して直接脳幹へ下行する内側視索前野線維は養育行動に本質的ではなく,内側視索前野からいったん外側視索前野でニューロンを変えて内側前脳束の背側部を通り腹側被蓋野へ至る経路が養育行動発現に重要であることが示唆された.

さらに最近,分娩後の雌ラットの外側視索前野・無名質に NMA を注入すると,体重,体温あるいはオープンフィールド活動性に変化をもたらさずに,養育行動のみが選択的に障害されることが明らかにされた(Numan ら, 1988).NMA による破壊は通過線維には障害を与えず,細胞体だけを選択的に破壊することが知られているので(Hastings ら, 1985),この成績は外側視索前野・無名質の細胞体が養育行動発現に重要な役割を演じていることを示唆する.また,中脳の腹側被蓋野を含む領域に HRP を注入したとき,HRP の逆行性標

識が外側視索前野・無名質に認められたことから，Numan ら(1988)は内側視索前野・外側視索前野・腹側被蓋野という経路の養育行動における重要性をあらためて強調している．

1. その他の内側視索前野外側連絡

以上のように，内側視索前野からの外側遠心路については Numan らの一連の研究から，内側視索前野・外側視索前野・腹側被蓋野という回路が養育行動の発現に本質的であると主張されているが，こうした仮説に必ずしも適合しない成績も報告されている．

Miceli ら(1983)は内側視索前野から内側前脳束以外の，さらに外側部位との連絡が養育行動に重要であると述べている．彼らは内側視索前野と内側前脳束の間を視床下部腹内側核レベルまで切断する NL 切断と，内側前脳束のさらに外側を切断する FL 切断を行い，養育行動に及ぼす効果の違いをしらべた．処女雌を対象にした場合には，どちらの切断でも造巣行動が障害され，養育行動は見られなかった．分娩後の雌に実施したところ，連れ戻し行動が消失し，授乳が減少した．さらに，NL 切断の場合にだけ泌乳や造巣の障害を伴った．これらの成績から，泌乳・造巣には FL 切断では遮断されない内側視索前野と内側前脳束の間の連絡が重要であり，連れ戻し行動の発現には NL, FL いずれの切断でも遮断される内側前脳束のさらに外側部位と内側視索前野との連絡が重要であると考えた．

Franz ら(1986)は一側性の後部内側前脳束ナイフカットと対側内側視索前野の外側端のナイフカットを行い，養育行動に及ぼす影響をしらべた．初産のラットではこの非対称ナイフカットによって胎盤哺食・造巣など養育行動の開始にかかわる行動を障害した．しかし，その他の行動要素はやがて出現した．他方，経産ラットではこのような非対称ナイフカットは，造巣がやや遅れたものの，養育行動の開始にも維持にもほとんど影響を及ぼさなかった．これらの成績から，彼らも内側視索前野から内側前脳束を下行するのではなく，他の部位に投射する別の経路の関与を示唆した．

9.4 養育行動時のニューロン活動

上述したように，養育行動における各脳部位の役割についてはほとんどが破壊法を用いた実験成績に基づいて論議されてきた．しかし，破壊法では実際にその部位のニューロンが行動発現に関与しているかどうかを直接知ることはできない．もし，その部位が養育行動に不可欠であるならば，養育行動と時間的に対応したニューロン活動が記録できるであろう．そして，行動とニューロン活動の対応関係をしらべることによって，破壊実験のように脱落症状から本来の機能を推測するという間接的な方法ではなく，より直接的にその部位の機能を検討することができる．以前から，射乳反射に関しては電気生理学的な実験方法が採用されているが(Summerleeら, 1979)，養育行動そのものについての報告は皆無であった．そこで，著者らはラットの雄型交尾行動の研究(Horioら, 1986；Shimuraら, 1987a)に用いたのと同様の方法で,実際に養育行動を行っている雌ラットの内側視索前野と腹側被蓋野からニューロン活動を記録し，これらの部位が養育行動とどのように関連しているのかをしらべた(Shimuraら, 1986；1987b)．

実験には正常に分娩した雌ラットを用い，分娩後，3日から5日目に全身麻酔下でニューロン活動記録用の慢性電極を定位的に内側視索前野と腹側被蓋野に刺入した．術後十分回復してから，実子を養育している場面でニューロン活動を記録した．

a. 内側視索前野

図9.8は40分間の内側視索前野のニューロン活動の一例である．こども導入前のコントロール期間の平均発火数は11.6/秒であったが，授乳中には5.3/秒と著明に減少した．連れ戻し行動時には21.3/秒と発火数は急激に増加したが，こなめ中には大きな変化は見られなかった．

図9.9は同じ動物の記録で，Aはこどもを連れ戻すために，こどもの方へ向かって接近を開始した時点を0としてその前後8秒の発火数を0.1秒ごとに23回加算平均したものである．発火数の増加は接近開始に一致するのではなく，接近開始から約800ミリ秒遅れてはじまっている．Bは同じニューロンのこど

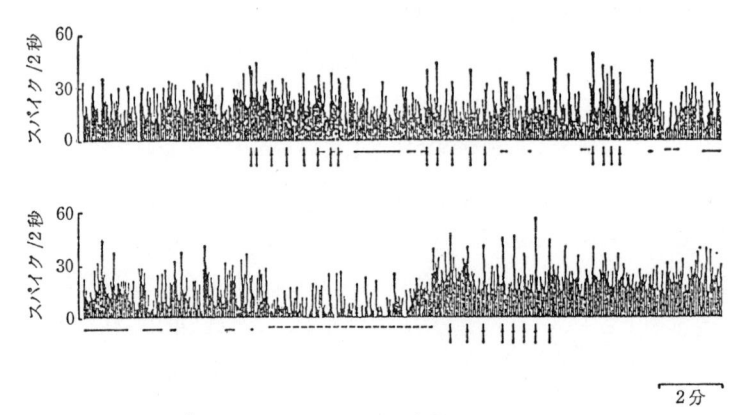

図 9.8 養育行動中の内側視索前野ニューロン活動
40 分間の連続記録を示す．縦軸は 2 秒間のスパイク発火数．

もを口でくわえる時点を 0 としたヒストグラムである．連れ戻し行動の開始，すなわちこどもを口でくわえる約 500 ミリ秒前から発火数が増加しはじめ，連れ戻し行動終了すなわちこどもを巣へ連れ戻し口から離すと発火数は元の基線レベルに戻っている．巣の中で，母親が locomtion を伴わずにこどもを口にくわえて場所を移動させる場合にも，ほぼ同様のニューロン活動変化が見られた．Cには連れ戻し行動と外見上は非常によく似た行動である，エサの hoarding 時の活動を示した．すなわち，動物が固形飼料を口でくわえた瞬間を 0 としてその前後 8 秒間の活動を表している．動物がエサに接近するときには発火数に変化は認められないが，エサをくわえて巣に持ち帰る hoarding の期間にはBの連れ戻し行動ほど顕著ではないが，発火数の増加が認められる．

このニューロン活動記録実験から，内側視索前野が連れ戻し行動の発現に重要であるという破壊実験の成績(Numan, 1974; Numan ら, 1988)が支持された．これまでに得られた連れ戻し行動時の内側視索前野ニューロンの変化パターンは，いずれもこどもを口でくわえる直前からはじまって巣へ連れ帰るまでの間発火頻度が高いというものであった．したがって，内側視索前野はこどもを探索する過程ではなく，連れ戻し行動の発現と制御に重要な役割を果たして

9.4 養育行動時のニューロン活動

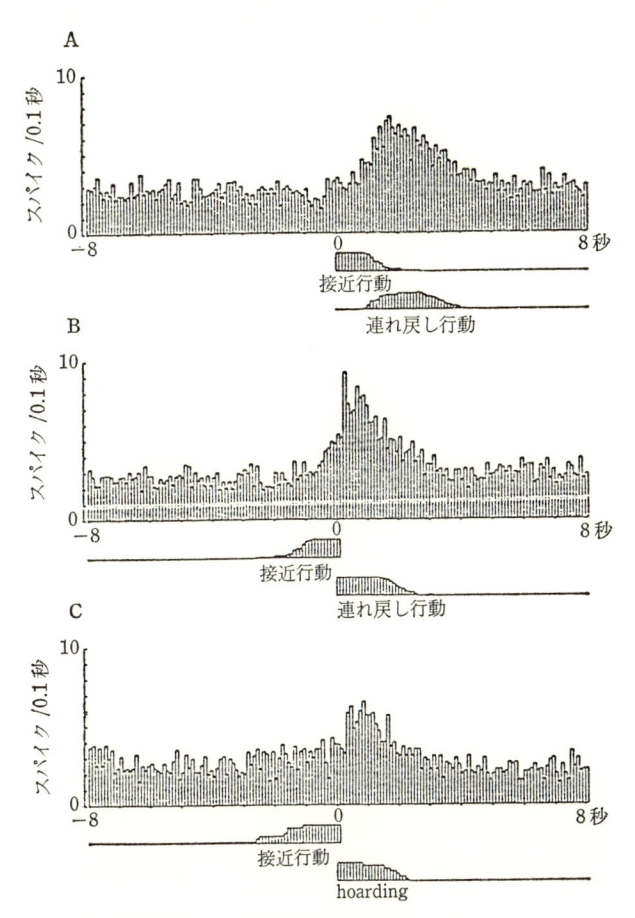

図 9.9 連れ戻し行動前後(A, B)、エサの hoarding 前後のニューロン活動(C)

いずれも同一のニューロンからの記録．縦軸は0.1秒間の平均スパイク発火数を示す．A：こどもの方へ向かって接近を開始した時点を基準(0)とした前後8秒間のスパイク発火ヒストグラム，B：連れ戻し行動開始(こどもを口でくわえた時点)を基準(0)としたヒストグラム，C：エサの hoarding 開始(エサを口でくわえた時点)を基準(0)としたヒストグラム．

いると考えられる．

しかし，この発火パターンが連れ戻し行動に必ずしも特異的ではないことを示唆する知見も得られた．すなわち，エサの hoarding 時に程度こそ違うもの

の，連れ戻し行動時とほぼ同じ時間経過で発火数が変化する内側視索前野ニューロンが見つかった．このことから，内側視索前野ニューロンの一部はこどもを口でくわえる動機づけのみならず，ある種の口の動きに関連していることが示唆される．内側視索前野破壊により，造巣や連れ戻しが障害される(Numan, 1974)のは，これらの口の運動に関係するニューロンの脱落による可能性もある．

一方，授乳中に発火数が著明に減少する内側視索前野ニューロンが見られたが，これは授乳中に動物の覚醒レベルが低下することと関係していると考えられる．授乳中には皮質脳波が徐波化し睡眠パターンを呈する(Lincoln ら, 1980)．内側視索前野のニューロン活動は皮質脳波と相関し，皮質脳波が脱同期しているときには発火数が高く，徐波化すると発火数が減少すると報告されている(Pfaff と Gregory, 1971)．したがって，授乳中の発火数の減少は特異的な抑制作用に基づくのではなく，非特異的な活動レベルの低下に帰することができよう．ニューロン活動から見るかぎり，内側視索前野は授乳行動には積極的に関与していないと考えられ，Jacobson ら(1980), Terkel ら(1979)の説と一致する．

b. 腹側被蓋野

腹側被蓋野でも，連れ戻し行動に著明な発火パターンの変化を示すニューロンが見いだされた．

図9.10は腹側被蓋野のそれぞれ異なるニューロン活動を示す．Aのニューロンではスパイク発火が接近の期間著明に増加したが，連れ戻し行動がはじまると元のレベルに戻った．発火数増加がどこからはじまるのかを詳しくしらべると，接近に約0.3秒先行することがわかった．また，hoarding 時には，こどもの連れ戻し行動の場合と同じく接近で発火数が増加し，hoarding 中には元のレベルに戻った．しかし，実験中に動物が単に移動したときには，発火数はほとんど変化しなかった．

このように第一のパターンは特定の対象物に接近するときにだけ発火数が増えるという特徴があった(36例中13例：36％)．

9.4 養育行動時のニューロン活動

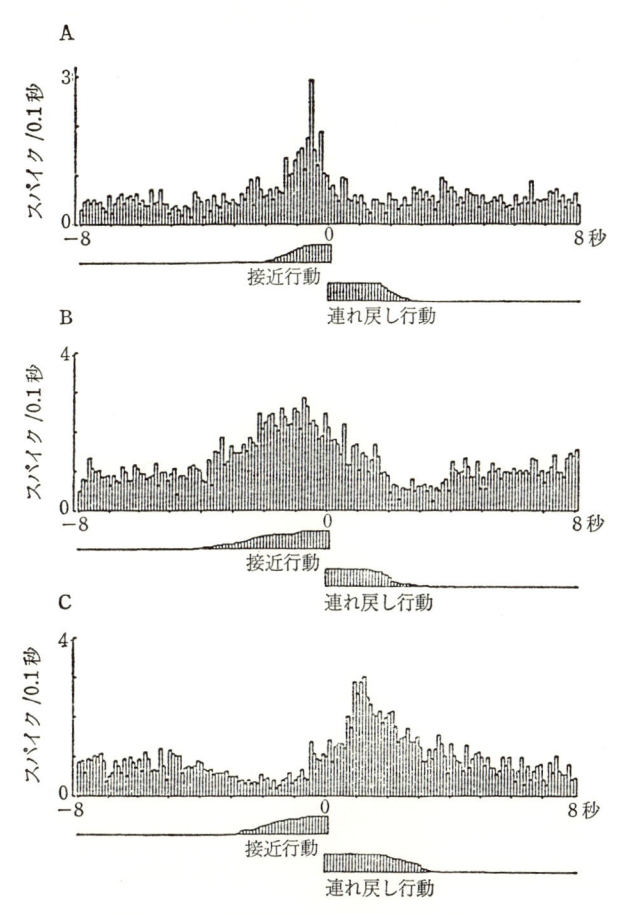

図 9.10 連れ戻し行動前後の腹側被蓋野ニューロン活動
縦軸は0.1秒間の平均スパイク発火数，いずれも連れ戻し行動開始（こどもを口でくわえた時点）を基準(0)とした前後8秒間のスパイク発火ヒストグラム．A〜Cは腹側被蓋野のそれぞれ異なるニューロン活動を示す．

Bは接近開始に伴って発火数が増えるニューロンで，連れ戻し行動やhoarding期間中にも持続的に発火数が高いという特徴が認められた．さらに，単なるlocomotionの場合にも発火数は高かった．したがって，このタイプのニューロンは内容に関係なくlocomotionに伴って発火数が増加するものであるといえる（6例：17%）．

Cは連れ戻し行動期間中に特異的に発火数が増加するが，hoardingの場合には発火数が変化しないニューロンの例である（8例：22%）．この例では，接近時に発火数がやや減少しているが，他の例では必ずしも接近時の減少は認められなかった．

本実験から腹側被蓋野は locomotion に関係する(Beninger, 1983)だけでなく，目的指向的な探索，さらには養育行動に特異的な運動反応(連れ戻し行動)にも深く関与することが示唆された．この成績は破壊実験から提唱されている，腹側被蓋野が養育行動の中でも連れ戻し行動のような能動的な行動要素の発現に関係するという仮説(Numan と Smith, 1984)を支持する．

腹側被蓋野のドーパミン作動性ニューロンは動機づけ行動における運動発現に重要な役割を果たしていると考えられている(Mogenson ら，1980)．本実験では，電気生理学的特性からドーパミン作動性と考えられるニューロン(Wang, 1981)のサンプル数が非常に少なく，連れ戻し行動時に何らかの活動変化が見られたものはすべて非ドーパミン作動性であった．したがって，本実験結果は腹側被蓋野のドーパミン細胞以外の細胞が養育行動に関係することを示唆している．しかし，腹側被蓋野のドーパミン細胞が投射する側坐核を破壊した場合にも，養育行動の障害が報告されていることから(Smith と Holland, 1975)，ドーパミン細胞の関与もけっして否定されるものではない．

上述したような連れ戻し行動時の腹側被蓋野ニューロン活動の多様性は，比較的定型的な内側視索前野の活動パターンと対照的である．おそらく，腹側被蓋野は内側視索前野に比べてより直接的に運動遂行にかかわっているのであろう．著者らが以前に示した内側視索前野から腹側被蓋野への興奮性ないし抑制性投射(志村と下河内，1987)の一部は，内側視索前野からの運動指令を腹側被蓋野の個々の動作特異性ニューロンに伝えているのかもしれない．

c. まとめ

養育行動の生理学的機構については，一般に，その開始に関与する要因と，維持に関与する要因を分けて考えることが多い．ラットを用いた研究によると，養育行動の開始はおもに妊娠末期のホルモンレベルの変動に依存するが，

このようなホルモンレベルの変動がない処女や雄でも養子との同居により養育反応が生じることから，養育反応発現のための神経機構は雌雄共通に備わっていることが示唆されている．一方，離乳まで続く養育行動の維持は，乳汁分泌や射乳に必要なホルモンに依存するよりも，むしろこどもとの相互作用によっ

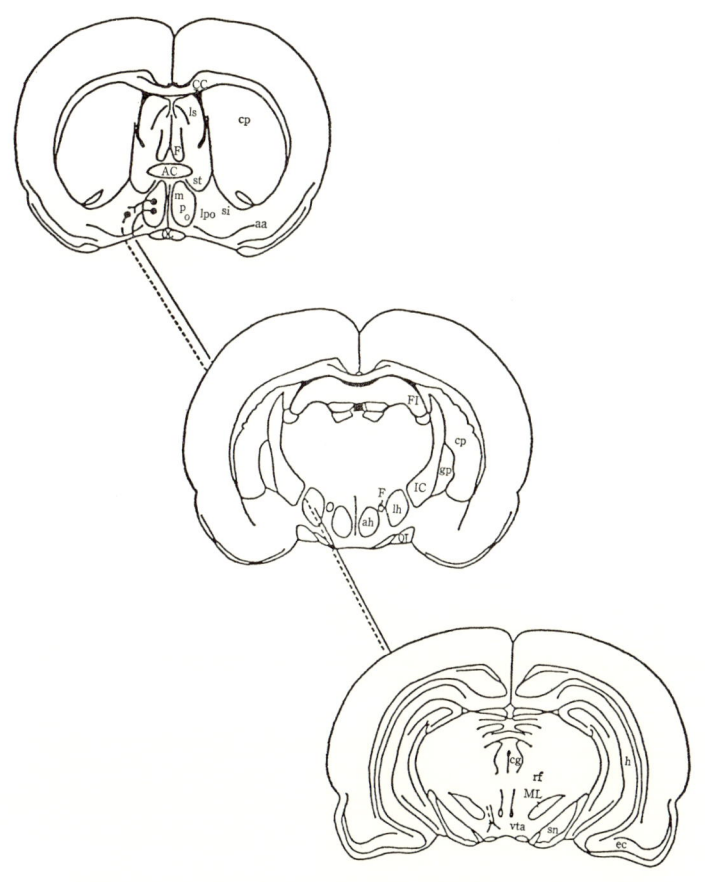

図 9.11 養育行動発現にかかわる主要な神経回路(Numanら，1988)
上から内側視索前野，視床下部前部の尾側部，腹側被蓋野の前額断で，内側視索前野から外側へ出て腹側被蓋野に至る四つのおもな遠心路のうち一つのみが描かれている．内側視索前野ニューロンの軸索は実線で示し，外側視索前野/無名質ニューロンの軸索は破線で書かれている．aa: 扁桃体前部，CC: 脳梁，cg: 中心灰白質，ec: 嗅内野，FI: 海馬采，h: 海馬，ML: 内側毛帯，rf: 網様体，sn: 黒質，vta: 腹側被蓋野．

て神経性に調節されていると考えられている．

内側視索前野は，このような養育行動の開始の面にも維持の面にも中心的役割を果たすことが，これまでの破壊実験やホルモン移植実験から提唱されてきた．すなわち，エストロゲンが内側視索前野の細胞に作用して養育行動の開始を促進し，内側視索前野から外側方向へ出て腹側被蓋野に達する経路が養育行動の発現に不可欠な役割を果たしていると考えられている(図9.11)(Numanら，1988)．また，辺縁系の諸部位はこのような経路に修飾的な影響を及ぼしているものと思われる．著者らも電気生理学的実験から，内側視索前野と腹側被蓋野を結ぶ経路が，養育行動の主要な要素である連れ戻し行動の発現に重要な役割を果たしていることを示した．これらの知見から，内側視索前野は養育行動の動機づけの中心的機構として働き，そこからの指令がより直接的に運動遂行にかかわる脳幹の個々の神経機構に送られて行動が発現すると推測できる．しかし，冒頭にも述べたように養育行動は非常に複雑な行動なので，その神経機構を明らかにするためには，行動要素間での相違や経験による変容などの面から，さらに研究を進めていく必要がある．

9.5 養育行動と神経化学物質
a. モノアミン

初期の研究では橋や延髄にはじまる上行性ノルアドレナリン系がラットの養育行動の制御にかかわっていると示唆されてきた(Rosenbergら，1977；Steeleら，1979；Moltzら，1975)．最近，これらのデータと一致しない成績が報告されているが(Bridgessら，1982；Hansenら，1982)，研究方法上の相違などもあり，上行性ノルアドレナリン系の関与についてはさらに検討の余地がある．内側視索前野は延髄からかなりのノルアドレナリン入力を受けており(Dayら，1980；Kabaら，1982)，ノルアドレナリンが核のエストロゲン受容体レベルを修飾することが知られているので，この関係の研究は重要である．

腹側被蓋野破壊はラットの養育行動を妨害するので(NumanとSmith，1984；GafforiとMoal，1979)，ドーパミン系は養育行動に重要な関与をしていると

9.5 養育行動と神経化学物質

考えられる.それは腹側被蓋野が中脳辺縁・皮質ドーパミン系の主要な起始核であるからである(Fallon と Moore, 1978; Swanson, 1982; Ungerstedt, 1971; Lindvall ら, 1978). しかし, ドーパミン系の養育行動への関与については直接的な証拠はほとんどない. Giordano らは(Giordano, 1985; Frankova, 1977)ドーパミンアンタゴニストのハロペリドールを全身性に投与して, 分娩後の雌ラットの retrieving と造巣が妨害され, ドーパミンアゴニストのアポモルフィンの同じ投与でその影響がなくなることを示した. これらの処置は全身性に行われているため, すべてのドーパミン系に影響が及んでいる可能性があり, 腹側被蓋野ドーパミン系だけの効果とは限定できない. 腹側被蓋野ドーパミン系の関与についてはいくつかの間接的な証拠がある. (a) 処女ラットの尾に弱い圧を加えると養育反応性が促進される(Szechtman ら, 1977). 脳のドーパミンを枯渇させると, 養育行動と同様にテールピンチで促進される行動が妨害される(Rowland ら, 1980). (b) 全身性に投与したエストロゲンは腹側被蓋野から側坐核へ広がるドーパミン系のニューロン活動を促進する(Alderson と Baum, 1981; Joyce ら, 1984). (c) プロラクチンを全身性に投与すると, 腹側被蓋野側坐核系のニューロン活動が促進する(Fuxe ら, 1977). これらの成績はエストロゲンないしプロラクチンが内側視索前野への作用を通して視索前野から腹側被蓋野ドーパミン系の腹側線条体への入力を促進しているという仮説に合致する.

中脳の背側および内側縫線核は前脳に広範にセロトニン投射を送っている(Ungerstedt, 1971; Conrad ら, 1974; Van De Kar and Lorens, 1979; Azmitia と Segal, 1978; Steinbusch, 1981; Simerly ら, 1984a; 1984b). Barofsky ら(1983a; 1983b)はセロトニンの神経毒である 5,7-ジヒドロキシトリプタミンを内側縫線核に注入すると, 分娩後の養育行動が障害されるが, 背側縫線核への注入では効果がないことを見いだした. 背側縫線核(内側ではない)への注入では吸乳刺激により誘発されるプロラクチン放出が阻害される(Caligaris と Taleisnik, 1974; Kordon ら, 1973/1974; Rowland ら, 1978). 視床下部へ投射している背側縫線核のセロトニン線維はプロラクチン放出制御

に重要で，海馬に投射している内側縫線核セロトニン線維が養育反応性に重要であると考えている．

内側縫線核破壊後の養育行動の障害に関しては，授乳行動に長期にわたる影響が出るようである．すなわち，吸乳が観察されるこどもの数や成長率が内側縫線核を破壊した場合には減少する．また，一時的にこごろしが増え，retrieving も減少することがある．

Barofsky ら(1983a)は内側縫線核破壊が，痛みや新奇刺激に対する感受性の増加など行動に全般的に影響するので，破壊効果は養育行動には特異的ではなかろうと考えている．吸乳刺激に対して過剰反応するので，授乳行動が減少するとも考えられる．一方，養育行動へのセロトニンのより特異的な役割としては，エストロゲン処置により内側視索前野のセロトニン受容体が増加し，解剖学的にも内側視索前野への上行性セロトニン系の存在が確かめられている(Van De Kar と Lorens, 1979; Azmitia と Segal, 1978; Steinbusch, 1981; Simerly ら，1984a；1984b)．内側視索前野外側部のナイフカット，腹側被蓋野破壊，背側外側床下部破壊によって養育行動が妨害されるのは，上行性のセロトニン系の遮断に基づくものかもしれない．

b. オキシトシン

処女ラットの卵巣を摘除し，エストラジオールベンゾエート 100 μg/kg を皮下に投与する．エストラジオール注射後 45〜46 時間で動物を養育行動観察ケージに移動する．エストラジオール投与後 48 時間に，側脳室にオキシトシン(400 ng)を注入し，直後から，養子に対する養育行動を観察する．特別な系統のラットでは養子を与えて 2 時間以内に 85% の動物が完全な養育行動を示す．エストラジオール単独，あるいはオキシトシン単独ではこの顕著な促進効果は生じない．400 ng という用量は脳脊髄液の生理学的なオキシトシンレベルとしては過剰であるが，オキシトシンが標的部位に浸透するのには必要な量であろうと考えられている(Pederson ら，1982)．

Fahrbach ら(1984)も上記の知見を追認し，養子呈示前の観察ケージへの馴化時間が重要な要因であることを見いだした．オキシトシンの養育行動促進効

9.5 養育行動と神経化学物質

果は馴化時間が1週間と長い場合には現れず，2時間のときにのみ現れた．これはケージの新奇性とオキシトシン投与とのなんらかの相互作用を示唆しているが，この過程にストレス誘発性のプロラクチン放出が関与している可能性がある．

オキシトシン＋エストラジオールで生じる2時間以内の養育行動の開始は他のホルモンを投与したときに見られる開始潜時に比べて極端に短いが，これは使った動物の系統差にその根拠をおくべきものであろう．エストラジオールとプロラクチンがプロゲステロンの減少に重畳して内因性のオキシトシン系と相互作用し，養育行動を促進すると考えられる．

脳脊髄液内に抗オキシトシン抗血清やオキシトシンアンタゴニストアナログを注入すると，短潜時の養育行動発現が妨害される(Pederson ら, 1985; Fahrbach ら, 1985).

オキシトシンの主要な産生部位は室旁核と視索上核ニューロンでその軸索は視床下部下垂体路を形成する(Swanson と Sawchenko, 1983; Rhodes ら, 1981; Sofroniew, 1983; 1985). 最近の知見によると，オキシトシンは脳内の伝達物質として働いている(Sawchenko と Swanson, 1982). オキシトシン含有線維と終末は脳内に広く分布している．オキシトシン結合ニューロンは扁桃体，嗅結節，海馬などに存在するらしい．脳内オキシトシン投射には室旁核がおもに関与している．室旁核破壊後には，脳内オキシトシンレベルが減少する(De Vries と Buijs, 1983; Lang ら, 1983).

下垂体後葉で分泌されるオキシトシンはラットの養育行動には関係がないようである．オキシトシンの脳室内投与による促進は脳内の作用部位の存在を示唆しており，オキシトシンは血液脳関門を通過しにくい．また，予備的データであるが，静脈内に注入したオキシトシンに養育行動促進効果はない(Pedersen と Prange, 1979). さらに，室旁核や視索上核を含まない内側基底視床下部のアイランドを分娩ラットに形成し，下垂体へのオキシトシン流出を阻害しても養育行動は正常に出現する．ただし，射乳反射は妨害される(Conrad と Pfaff, 1976; Swanson, 1977; Armstrong ら, 1980; Luiten ら, 1985). したが

って，神経下垂体系のオキシトシンでなく，脳内のオキシトシン作動系が養育行動には重要であることになる．

オキシトシン含有線維のある部位に直接オキシトシンを注入して効果をしらべると，腹側被蓋野のみがエストロゲン処置卵巣摘出処女ラットの養育行動を促進することがわかった(Fahrbach, 1984)．ただし，注入量が合計 400 ng と多いことからさらに検討が必要である．

室旁核が腹側被蓋野へオキシトシンを送る主要な経路であるとすると，室旁核破壊は養育行動を障害すると予測される．分娩4日後のラットの室旁核を破壊しても，すでに確立されている養育行動には影響がなかった．これは，オキシトシンは養育行動の開始には関係するが，維持には関係ないという仮説で説明できる．室旁核が養育行動関連のオキシトシン産生部位ではないという解釈も可能である．視索前野にもオキシトシンニューロンが散在し，それらが養育行動に関係している可能性もある．腹側被蓋野にはエストロゲン結合ニューロンが存在しないので，エストロゲンが腹側被蓋野におけるオキシトシン受容体の合成に直接関与している可能性はない．

養育行動へのオキシトシンの関与を決定づけるためにはさらに検討が必要である．

c. オピエート系

内因性オピエート系は養育行動に抑制的に作用しているようである(Bridges と Grimm, 1982; Grimm と Bridges, 1983)．モルヒネ(5 mg/kg)を全身性に投与すると，妊娠末期に子宮を摘出して誘発される養育行動の促進が妨害され，モルヒネとナロクソンを同時に投与すると，阻害効果がなくなる．内側視索前野に少量のモルヒネを直接投与すると，retrieving や授乳行動が顕著に障害される．この効果もナロクソンの同時投与でブロックできる．

この効果が薬理学的作用なのか，内因性オピエートの生理学的作用を反映しているのかが問題となるが，後者の可能性が高い．オピエートには，β-エンドルフィン系，エンケファリン系，ダイノルフィン-ネオエンドルフィン系の三つがあり，これらのオピエートは脳内で産生され，一部は下垂体前葉細胞でも

つくられる．下垂体前葉で分泌された β-エンドルフィンが養育行動を全身循環を通じて抑制する可能性は，(a) 生理活性をもつ量のオピエートペプチドが血液脳関門を通過するという証拠はない．(b) 分娩時や泌乳時には血中 β-エンドルフィンは高くなっており，養育行動には血中レベルはむしろ高いという理由から否定できる．

オピエートの中枢作用に関しては，以下のような知見がある．(a) β-エンドルフィンはおもに内側基底視床下部の弓状核の細胞で産生され，視索前野を含む広い範囲に投射する(Khachaturian ら，1985; Mezey ら，1985; Finley ら，1981)．延髄孤束核も β-エンドルフィン細胞をもち，孤束核から内側視索前野に投射があるので，なかには β-エンドルフィンの投射もある可能性がある．(b) エンケファリン産生ニューロンも脳内に広く投射する．視索前野にはエンケファリン含量が多く，軸索，終末，細胞体も多い(Arluison ら，1983; Williams と Dockray，1983; Finley ら，1981; Khachaturian ら，1983)．橋の外側結合腕傍核から正中視索前核へのエンケファリン投射がある．おもに扁桃体中心核から分界条を経由して分界条床核/視索前野にエンケファリン投射がある．(c) ダイノルフィン，ネオエンドルフィン産生ニューロンも中枢神経系に広範に分布している(Khachaturian ら，1985)．視索前野にはネオエンドルフィンが豊富にあるが，細胞体はないので，軸索と終末に由来するものであろう．(d) 内側視索前野にはオピエート受容体がある(Hammer, 1984; Wilkinson ら，1985)．

これらの解剖学的知見から，内因性オピエートが視索前野に働き養育行動に関与する内側視索前野機構に抑制性入力を送っている可能性が示唆される．直接この部位に各種オピエートを注入することにより，将来その機構が明らかにされるであろう．また，扁桃体の養育行動抑制効果にこれらのオピエートが関与している可能性についても近い将来明らかになるものと思われる．ただし，扁桃体の効果は内側核によるもので，オピエートが関与する中心核ではない．

d. その他

(a) 妊娠期には内側視索前野の β-エンドルフィン含量は高いが，分娩の日には減少し，分娩後には低レベルを維持する(Bridges と Ronsteim, 1983)，(b)

血漿エストロゲン/プロゲステロン比の増加は視床下部 β-エンドルフィン含量の減少と関係する(Wardlaw ら, 1982). (c) 卵巣ステロイドは内側視索前野のオピエート受容体密度を減少させる. (d) 血清プロラクチンレベルの増加は視床下部の β-エンドルフィンおよび met-エンケファリンレベルの減少と相関する(Panerai ら, 1980). これらの成績は養育行動を促進する事象とオピエートの減少が相関することを表している. しかし, オピエートは黄体形成ホルモンやプロラクチン放出の調節にも関与しているので, 養育行動の神経性調節よりも, 神経内分泌調節に関与しているのかもしれない.

養育行動へのオピエートの抑制的作用は予測とは反対である. 痛みの軽減などを通じて養育行動に促進的に働くと予想してもよいであろう. しかし, オピエートはある神経系には促進的に働いても同時に別の部位には抑制的に働くことが知られている. 妊娠後期から分娩直後にナロクソンを全身性に投与しても養育行動には影響なかった(Mayer ら, 1985). したがって, 分娩時の retrieving, 造巣, 授乳にはオピエートはあまり重要ではない.

オピエートは後葉からのオキシトシン分泌(Samson ら, 1985; Bicknell と Leng, 1982; Haldar ら, 1982)や, 中枢のオキシトシン伝達を抑制する(Raggenbass, 1985). 中枢オピエートとオキシトシンの相互作用が関係しているかもしれない.

副腎皮質刺激ホルモン放出因子(corticotropin releasing factor; CRF)やアトロピン(ムスカリン性コリン作動受容体アンタゴニスト)を脳室内注射することにより, エストロゲンとプロゲステロンを処置した卵巣摘出ラットの養育行動の促進を妨害することができる(Caldwell ら, 1985; Pedersen ら, 1985). CRFもアセチルコリンもともに脳内に広く分布する物質なので, 作用の部位特異性や行動特異性についてはさらに検討が必要である. コリン作動系は後葉からのオキシトシン分泌を促進し, CRF は ACTH 放出とともに, 前葉からの β-エンドルフィン放出を促進する.

文　献

Adler, N. T. (1969) Effects of the male's copulatory behavior on successful pregnancy of the female rat. *J. Comp. Physiol. Psychol.*, **69**: 613-622.
Adler, N. and Bermant, G. (1966) Sexual behavior of male rats: Effects of reduced sensory feedback. *J. Comp. Physiol. Phychol.*, **61**: 240-243.
Agmo, A., Soulairac, M.-L. and Soulairac, A. (1977) Preoptic lesions, sexual behavior, and spontaneous ejaculation in the rat. *Scand. J. Psychol.*, **18**: 345-347.
Ahlenius, S. and Larsson, K. (1984 a) Apomorphine and haloperidol-induced effects on male rat sexual behavior: No evidence for actions due to stimulation of central dopamine autoreceptors. *Pharmacol. Biochem. Behav.*, **21**: 463-466.
Ahlenius, S. and Larsson, K. (1984 b) Lisuride, LY-141865, and 8-OH-DPAT facilitate male rat sexual behavior via a non-dopaminergic system. *Psychopharmacology*, **83**: 330-334.
Ahlenius, S., Engel, J., Eriksson, J., Modigh, K. and Sodersten, P. (1972) Importance of central catecholamines in the mediation of lordosis behavior in ovariectomized rats treated with estrogen and inhibitors of monoamine synthesis. *J. Neural. Transm.*, **33**: 247-256.
Ahlenius, S., Eriksson, H., Larsson, K., Modigh, K. and Södersten, P. (1971) Mating behavior in the male rat treated with p-chlorophenylalanine methyl ester alone and in combination with pargyline. *Psychopharmacolgia (Berl.)*, **20**: 383-388.
Akaishi, T. and Sakuma, Y. (1986) Projections of oestrogen-sensitive neurones from the ventromedial hypothalamic nucleus of the female rat. *J. Physiol. (Lond.)*, **372**: 207-220.
Alderson, L. M. and Baum, M. J. (1981) Differential effects of gonadal steroids on dopamine metabolism in mesolimbic and nigrostriatal pathways of male rat brain. *Brain Res.*, **218**: 189-206.
Allin, J. T. and Banks, E. M. (1972) Functional aspects of ultrasound production by infant albino rats (*Rattus norvegicus*). *Anim. Behav.*, **20**: 175-185.
Alsum, P. and Goy, R. (1974) Actions of esters of testosterone, dihydrotestosterone, or estradiol on sexual behavior in castrated male guinea pigs. *Horm. Behav.*, **5**: 207-217.
Andy, O. J. (1977) Hypersexuality and limbic system seizures. *Pavlov. J. Biol. Sci.*, **12**: 187-228.
Andy, O. J. and Velamati, S. (1978) Temporal lobe seizures and hypersexuality:

Dopaminergic effects. *Appl. Neurophysiol.*, **41**: 13-28.

Antelman, S. M., Szechtman, H., Chin, P. and Fisher, A. E. (1975) Tail pinch-induced eating, gnawing and licking behavior in rats: Dependence on the nigrostriatal dopamine system. *Brain Res.*, **99**: 319-337.

Aou, S., Yoshimatsu, H. and Oomura, Y. (1984) Medial preoptic neuronal responses to connatural females in sexually inactive male monkeys (*Macaca fuscata*). *Neurosci. Lett.*, **44**: 217-221.

新井康充, 松本 明 (1984) シナプスの性分化と性ホルモン. 蛋白質 核酸 酵素, **29**: 1919-1927.

Arai, Y., Matsumoto, A. and Nishizuka, M. (1986) Synaptogenesis and neuronal plasticity to gonadal steroids: Implications for the development of sexual dimorphism in the neuroendocrine brain. *Current Topics Neuroendocrinol.*, **7**: 291-307.

Arendash, G. W. and Gorski, R. A. (1983) Effects of discrete lesions of the sexually dimorphic nucleus of the preoptic area or other medial preoptic regions on the sexual behavior of male rats. *Brain Res. Bull.*, **10**: 147-154.

Arluison, M., Conrath-Verrer, M., Tauc, M., Mailly, P., Seraphin De La Manche, I. A., Cesselin, F., Bourgoin, S. and Hamon, M. (1983) Different localizations of met-enkephalin-like immunoreactivity in rat forebrain and spinal cord using hydrogen peroxide and triton X-100: Light microscopic study. *Brain Res. Bull.*, **11**: 555-571.

Armstrong, W. E., Warach, S., Hatton, G. I. and McNeill, T. H. (1980) Subnuclei in the rat hypothalamic paraventricular nucleus: A cytoarchitectural, horseradish peroxidase and immunocytochemical analysis. *Neuroscience*, **5**: 1931-1958.

Aronson, L. R. and Cooper, M. L. (1979) Amygdaloid hypersexuality in male cats re-examined. *Physiol. Behav.*, **22**: 257-265.

Aso, T., Tominaga, T., Oshima, K. and Matsubayashi, K. (1977) Seasonal changes of plasma estradiol and progesterone in the Japanese Monkey (*Macaca fuscata fustata*). *Endocrnology*, **100**: 745-750.

Avar, Z. and Monos, E. (1969) Biological role of lateral hypothalamic structures participating in the control of maternal behaviour in the rat. *Acta Physiol. Acad. Sci. Hung.*, **35**: 285-294.

Azmitia, E. and Segal, M. (1978) An autoradiographic analysis of the differential ascending projections of the dorsal and median raphe nuclei in the rat. *J. Comp. Neurol.*, **179**: 641-668.

Bailey, D. J. and Herbert, J. (1982)Impaired copulatory behaviour of male rats with hyperprolactinaemia induced by domperidone or pituitary graft. *Neuroendocrinology*, **35**: 186-193.

Bailey, D. J., Dolan, A. L., Pharoah, P. D. P. and Herbert, J. (1984) Role of gonadal and adrenal steroids in the impairment of the male rat's sexual behaviour by hyperprolactinaemia. *Neuroendocrinology*, **39**: 555-562.

Baker, T. C. and Cardé, R. T. (1979) *Ann. Entomol. Sac. Amer.*, **72**: 173.

Barfield, R. J. (1976) Activation estrous behavior by intracerebral implants of estradiol benzoate (EB) in ovariectomized rats. *Federation Proceedings*, **35**: 429.

Barfield, R. J. and Chen, J. J. (1977) Activation of estrous behavior in ovariectomized rats by intracerebral implants of estradiol benzoate. *Endocrinology*, **101**: 1716-1725.

Barfield, R. J. and Geyer, L. A. (1972) Sexual behavior: Ultrasonic postejaculatory song of the male rat. *Science*, **176**: 1349-1350.

Barfield, R. J. and Geyer, L. A. (1975) The ultrasonic postejaculatory vocalization and the postejaculatory refractory period of the male rat. *J. Comp. Physiol. Psychol.*, **88**: 723-734.

Barfield, R. J. and Krieger, M. S. (1977) Ejaculatory and postejaculatory behavior of male and female rats: Effects of sex hormones and electric shock. *Physiol. Behav.*, **19**: 203-208.

Barfield, R. J. and Sachs, B. D. (1968) Sexual behavior: Stimulation by painful electrical shock to skin in male rats. *Science*, **161**: 392-393.

Barfield, R. J., Wilson, C. and McDonald, P. G. (1975) Sexual behavior: Extreme reduction of postejaculatory refractory period by midbrain lesions in male rats. *Science*, **189**: 147-149.

Barraclough, C. A., Yrarrazaval, S. and Hatton, R. (1964) A possible hypothalamic site of action of progesterone in the facilitation of ovulation in the rat. *Endocrinology*, **75**: 838-845.

Barofsky, A.-L., Taylor, J., Tizabi, Y., Kumar, R. and Jones-Quartey, K. (1983a) Specific neurotoxin lesions of median raphe serotonergic neurons disrupt maternal behavior in the lacking rat. *Endocrinology*, **113**: 1884-1895.

Barofsky, A.-L., Taylor, J. and Massari, V. J. (1983b) Dorsal raphe-hypothalamic projections provide the stimulatory serotonergic input to suckling-induced prolactin release. *Endocrinology*, **113**: 1894-1903.

Bartke, A., Doherty, P. C., Steger, R. W., Morgan, W. W., Amador, A. G., Herbert, D. C., Siler-Khodr, T. M., Smith, M. S., Klemcke, H. G. and Hymer, W. C. (1984) Effects of estrogen-induced hyperprolactinemia on endocrine and sexual functions in adult male rats. *Neuroendocrinology*, **39**: 126-135.

Bartos, L. and Trojan, S. (1982) Male rat ejaculatory potential in a multiple-female situation in the course of four consecutive days. *Behav. Neural Biol.*, **34**: 411-420.

Baum, M. J. and Starr, M. S. (1980) Inhibition of sexual behavior by dopamine antagonist or serotonin agonist drugs in castrated male rats given estradiol or

dihydrotestosterone. *Pharmacol. Biochem. Behav.*, **13**: 57-67.
Baum, M. J. and Vreeburg, J. T. M. (1973) Copulation in castrated male rats following combined treatment with estradiol and dihydrotestosterone. *Science*, **182**: 283-285.
Baum, M. J., Melamed, E. and Globus, M. (1986) Dissociation of the effects of castration and testosterone replacement on sexual behavior and neural metabolism of dopamine in the male rat. *Brain Res. Bull.*, **16**: 145-148.
Baum, M. J., Tobet, S. A., Starr, M. S. and Bradshaw, W. G. (1982) Implantation of dihydrotestosteronepropionate in o the lateral septum or medial amygdala facilitates copulation in castrated male rats given estradiol systemically. *Horm. Behav.*, **16**: 208-223.
Beach, F. A. (1937) The neural basis of innate behavior. I. Effects of cortical lesions upon the maternal hehavior pattern in the rat. *J. Comp. Psychol.*, **24**: 393-435.
Beach, F. A. (1940) Effects of cortical lesions upon the copulatory behavior of male rats. *J. Comp. Psychol.*, **29**: 193-245.
Beach, F. A. (1942) Analysis of the stimuli adequate to elicit mating behavior in the sexually inexperienced male rat. *J. Comp. Psychol.*, **33**: 163-207.
Beach, F. A. (1948) *Hormones and Behavior*, Hoeber, New York.
Beach, F. A. (1956) Characteristics of masculine 'sex drive'. *Nebraska Symposium on Motivation*, **4**: 1-32.
Beach, F. A. (1966) Sexual behavior in the male rat. *Science*, **153**: 769-770.
Beach, F. A. (1975) Variables affecting 'spontaneous' seminal emission in rats. *Physiol. Behav.*, **15**: 91-95.
Beach, F. A. (1976) Sexual attractivity, proceptivity, and receptivity in female mammals. *Horm. Behav.*, **7**: 105-138,
Beach, F. A. (1976) Prolonged hormone deprivation and pretest cage adaptation as factors affecting the display of lordosis by female rats. *Physiol. Behav.*, **16**: 807-808.
Beach, F. A. (1981) Historical origins of modern research on hormones and behavior. *Horm. Behav.*, **15**: 325-376.
Beach, F. A. (1984) Hormonal modulation of genital reflexes in male and masculinized female dogs. *Behav. Neurosci.*, **98**: 325-332.
Beach, F. A. and Holz-Tucker, A. M. (1949) Effects of different concentrations of androgen upon sexual behavior in castrated male rats. *J. Comp. Physiol. Psychol.*, **42**: 433-453.
Beach, F. A. and Jaynes, J. (1956) Studies of maternal retrieving in rats. III. Sensory cues involved in the lactating female's response to her young. *Behaviour*, **10**: 104-125.
Beach, F. A. and Jordan, L. (1956) Effects of sexual reinforcement upon the perfor-

mance of male rats in a straight runway. *J. Comp. Physiol. Psychol.*, **49**: 105-110.
Beach, F. A. and Jordan, L. (1956) Sexual exhaustion and recovery in the male rat. *Q. J. Exp. Psychol.*, **8**: 121-133.
Beach, F. A. and Pauker, R. S. (1949) Effects of castration and subsequent androgen administration upon mating behavior in the male hamster (*Cricetus auratus*). *Endocrinology*, **45**: 211-221.
Beach, F. A. and Ransom, T. W. (1967) Effects of environmental variation on ejaculatory frequency in male rats. *J. Comp. Physiol. Psychol.*, **64**: 384-387.
Beach, F. A., Westbrook, W. H. and Clemens, L. G. (1966) Comparisons of the ejaculatory response in men and animals. *Psychosom. Med.*, **28**: 749-763.
Bean, N. J., Nunez, A. A. and Conner, R. (1981) Effects of medial preoptic lesions on male mouse ultrasonic vocalizations and copulatory behavior. *Brain Res. Bull.*, **6**: 109-112.
Beck, J. (1971) Instrumental conditioned reflexes with sexual reinforcement in rats. *Acta Neurobiol. Exp. (Warsz.)*, **31**: 251-262.
Beninger, R. J. (1983) The role of dopamine in locomotor activity and learning. *Brain Res. Rev.*, **6**: 173-196.
Bergquist, E. H. (1970) Output pathways of hypothalamic mechanisms for sexual, aggressive, and other motivated behaviors in opossum. *J. Comp. Physiol. Psychol.*, **70**: 389-398.
Berk, M. L. and Finkelstein, J. A. (1981) Afferent projections to the preoptic area and hypothalamic regions in the rat brain. *Neurosci.*, **6**: 1601-1624.
Bermant, G. (1965) Rat sexual behavior: Photographic analysis of the intromission response. *Psychon. Sci.*, **2**: 65-66.
Bermant, G. and Taylor, L. (1969) Interactive effects of experience and olfactory bulb lesions in male rat copulation. *Physiol. Behav.*, **4**: 13-17.
Bermant, G., Glickman, S. E. and Davidson, J. M. (1968)Effects of limbic lesions on copulatory behavior of male rats. *J. Comp. Physiol. Psychol.*, **65**: 118-125.
Bermant, G., Lott, D. F. and Anderson, L. (1968) Temporal characteristics of the Coolidge Effect in male rat copulatory behavior. *J. Comp. Physiol. Psychol.*, **65**: 447-452.
Bermond, B. (1982) Effects of medial preoptic hypothalamus anterior lesions on three kinds of behavior in the rat: Intermale aggressive, male-sexual, and mouse-killing behavior. *Aggres. Behav.*, **8**: 335-354.
Beyer, C., Contreras, J. L., Larsson, K., Olmedo, M. and Morali, G. (1982) Patterns of motor and seminal vesicle activities during copulation in the male rat. *Physiol. Behav.*, **29**: 495-500.
Beyer, C., Contreras, J. L., Morali, G. and Larsson, K. (1981) Effects of castration

and sex steroid treatment on the motor copulatory pattern of the rat. *Physiol. Behav.*, **27**: 727-730.

Beyer, C., Larsson, K., Perez-Palacios, G. and Morali, G. (1973) Androgenstructure and male sexual behavior in the castrated rat. *Horm. Behav.*, **4**: 99-108.

Beyer, C., Morali, G., Naftolin, F., Larsson, K. and Perez-Palacios, G. (1976) Effect of some antiestrogens and aromatase inhibitors on androgen induced sexual behavior in castrated male rats. *Horm. Behav.*, **7**: 353-363.

Bicknell, R. J. and Leng, G. (1982) Endogenous opiates regulate oxytocin but not vasopressin secretion from the neurohypophysis. *Nature*, **298**: 161-162.

Blake, C. A. and Sawyer, C. H. (1972) Effects of vaginal stimulation on hypothalamic multiple-unit activity and pituitary LH release in the rat. *Neuroendocrinology*, **10**: 358-370.

Blumer, D. (1970)Hypersexual episodes in temporallobe epilepsy. *Am. J. Psychiatry*, **126**: 1099-1106.

Boland, B. D. and Dewsbury, D. A. (1971) Characteristics of sleep following sexual activity and wheel running in male rats. *Physiol. Behav.*, **6**: 145-149.

Brackett, N. L. and Edwards, D. A. (1984) Medial preoptic connections with the midbrain tegmentum are essential for male sexual behavior. *Physiol. Behav.*, **32**: 79-84.

Brackett, N. L., Iuvone, P. M. and Edwards, D. A. (1986)Midbrain lesions, dopamine and male sexual behavior. *Behav. Brain Res.*, **20**: 231-240.

Bradshaw, W. G., Baum, M. J. and Awh, C. C. (1981) Attenuation by a 5α-reductase inhibitor of the activational effect of testosterone propionate on penile erections in castrated male rats. *Endocrinology*, **109**: 1047-1051.

Breedlove, S. M. and Arnold, A. P. (1980) Hormone accumulation in a sexually dimorphic motor nucleus of the rat spinal cord. *Science*, **210**: 564-566.

Bridges, R. S. and Grimm, C. T. (1982) Reversal of morphine disruption of maternal behavior by concurrent treatment with the opiate antagonist naloxone. *Science*, **218**: 166-168.

Bridges, R. S. and Ronsheim, P. M. (1983)Changes in beta-endorphin concentrations in the medial preoptic area during pregnancy in the rat. *Soc. Neurosci. Abstr.*, No. 233. 13, Annual Meeting, Boston.

Bridges, R. S., Clifton, D. K. and Sawyer, C. H. (1982) Postpartum luteinizing hormone release and maternal behavior in the rat after late-gestational depletion of hypothalamic norepinephrine. *Neuroendocrinology*, **34**: 286-291.

Brown-Grant, K. and Raisman, G. (1972) Reproductive function in the rat following selective destruction of afferent fibres to the hypothalamus from the limbic system. *Brain Res.*, **46**: 23-42.

Brink, E. and Pfaff, D. W. (1977) Anatomy of epaxial deep back muscles in the rat.

Brain, Behavior and Evolution, **17**: 1-47.
Bueno, J. and Pfaff, D. W. (1976) Single unit recording in hypothalamus and preoptic area of estrogen-treated and untreated ovariectomized female rats. *Brain Res.*, **101**: 67-78.
Busse, E. W. and Walter, D. O. (1965) Presenescent electroencephalographic changes in normal subject. *J. Geront.*, **20**: 315-320.
Caldwell, J. D., Brooks, P. J., Prange, A. J. Jr. and Pedersen, C. A. (1985) CRF inhibits the onset of ovarian steroid-induced maternal behavior and increases pup-killing in nulliparous rats (Abstr)., Conference on Reproductive Behavior, Asilomar, CA.
Caggiula, A. R. (1970) Analysis of the copulation-reward properties of posterior hypothalamic stimulation in male rats. *J. Comp. Physiol. Psychol.*, **70**: 399-412.
Caggiula, A. R. (1972) Shock-elicited copulation and aggression in male rats. *J. Comp. Physiol. Psychol.*, **80**: 393-397.
Caggiula, A. R. and Eibergen, R. (1969) Copulation of virgin male rats evoked by painful peripheral stimulation. *J. Comp. Physiol. Psychol.*, **69**: 414-419.
Caggiula, A. R. and Hoebel, B. G. (1966) 'Copulation-reward site' in the posterior hypothalamus. *Science*, **153**: 1284-1285.
Caggiula, A. R. and Szechtman, H. (1972) Hypothalamic stimulation: A biphasic influence on copulation of the male rat. *Behav. Biol.*, **7**: 591-598.
Caggiula, A. R., Antelman, S. M. and Zigmond, M. J. (1973) Disruption of copulation in male rats after hypothalamic lesions: A behavioral, anatomical and neurochemical analysis. *Brain R s.*, **59**: 273-287.
Caggiula, A. R., Herndon, J. G. Jr., Scanlon, R., Greenstone, D., Bradshaw, W. and Sharp, D. (1979) Dissociation of active from immobility components of sexual behavior in female rats by central 6-hydroxydopamine. *Brain. Res.*, **172**: 505-520.
Caggiula, A. R., Shaw, D. H., Antelman, S. M. and Edwards, D. J. (1976) Interactive effects of brain catecholamines and variations in sexual and non-sexual arousal on copulatory behavior of male rats. *Brain Res.*, **111**: 321-336.
Cain, D. P. and Paxinos, G. (1974) Olfactory bulbectomy and mucosa damage: Effects on copulation, irritability, and interspecific aggression in male rats. *J. Comp. Physiol. Psychol.*, **86**: 202-212.
Caldwell, J. D., Prange, A. R. Jr. and Pederson, C. A. (1986) Oxytocine facilitate the sexual receptirity of estrogen-treated female rats. *Neuropeptides*, **7**: 175-189.
Caligaris, L. and Taleisnik, S. (1974) Involvement of neurones containing 5-hydroxytryptamine in the mechanism of prolactin release induced by oestrogen. *J. Endocrinol.*, **62**: 25-33.

文　　献

Carlsson, S. G. and Larsson, K. (1962) Intromission frequency and intromission duration in the male rat mating behavior. *Scand. J. Psychol.*, **3**: 189-191.

Carlsson, S. G. and Larsson, K. (1964) Mating in male rats after local anesthetization of the glans penis. *Z. Tierpsychol.*, **21**: 854-856.

Carr, W. J., Wylie, N. R. and Loeb, L. S. (1970) Responses of adult and immature rats to sex odors. *J. Comp. Physiol. Psychol.*, **72**: 51-59.

Carrer, H. F. (1978) Mesencephalic participation in the control of sexual behavior in the female rat. *J. Comp. Physiol. Psychol.*, **92**: 877-887.

Chen, J. J. and Bliss, D. K. (1974) Effects of sequential preoptic and mammillary lesions on male rat sexual behavior. *J. Comp. Physiol. Psychol.*, **87**: 841-847.

Cheng, M.-F. (1983) Behavioural 'self-feedback' control of endocrine states. In: *Homones and Behaviour in Higher Vertebrates*, (eds.) J. Balthazart, E. Prove, and R. Gilles, Springer-Verlag, Berlin Heidelberg: pp. 408-421.

Christensen, L. W. and Clemens, L. G. (1974) Intrahypothalamic implants of testosterone or estradiol and resumption of masculine sexual behavior in long-term castrated male rats. *Endocrinology*, **95**: 984-990.

Christensen, L. W. and Clemens, L. G. (1975) Blockade of testosterone-induced mounting behavior in the male rat with intracranial application of the aromatization inhibitor, androst-1,4,6-triene-3,17-dione. *Endocrinology*, **97**: 1545-1551.

Christian, E. P. and Deadwyler, S. A. (1986) Behavioral functions and hippocampal cell types: Evidence for two nonoverlapping populations in the rat. *J. Neurophysiol.*, **55**: 331-348.

Clancy, A. N., Coquelin, A., Macrides, F., Gorski, R. A. and Noble, E. P. (1984) Sexual behavior and aggression in male mice. *J. Neurosci.*, **4**: 2222-2229.

Clark, A. S., Pfeifle, J. K. and Edwards, D. A. (1981) Ventromedial hypothalamic damage and sexual proceptivity in female rats. *Physiol. Behav.*, **27**: 597-602.

Clark, J. T., Smith, E. R. and Davidson, J. M. (1984) Enhancement of sexual motivation in male rats by yohimbine. *Science*, **225**: 847-849.

Clark, J. T., Smith, E. R. and Davidson, J. M. (1985a) Evidence for the modulation of sexual behavior by α-adrenoceptorsin male rats. *Neuroendocrinology*, **41**: 36-43.

Clark, J. T., Smith, E. R. and Davidson, J. M. (1985b) Testosterone is not required for the enhancement of sexual motivation by yohimbine. *Physiol. Behav.*, **35**: 517-521.

Clark, T. K., Caggiula, A. R., McConnell, R. A. and Antelman, S. M. (1975) Sexual inhibition is reduced by rostral midbrain lesions in the male rat. *Science*, **190**: 169-171.

Clemens, L. G. and Pomerantz, S. M. (1982) Testosterone acts as a prohormone to stimulate male copulatory behavior in male deer mice (Peromyscus maniculatus bairdi). *J. Comp. Physiol. Psychol.*, **96**: 114-122.

Clemens, L. G., Dohanich, G. P. and Witcher, J. A. (1981) Cholinergic influences on estrogen-dependent sexual behavior in female rats. *J. Comp. Physiol. Psychol.*, **95**: 763-770.

Cochran, C. A. and Perachio, A. A. (1977) Dihydrotestosterone propionate effects on dominance and sexual behaviors in gonadectomized male and female rhesus monkeys. *Horm. Behav.*, **8**: 175-187.

Commins, D. and Yahr, P. (1984) Lesions of the sexually dimorphic area disrupt mating and marking in male gerbils. *Brain Res. Bull.*, **13**: 185-193.

Coniglio, L. and Clemens, L. G. (1972) Stimulus and experiential factors controlling mounting behavior in the female rat. *Physiol. Behav.*, **9**: 263-267.

Conrad, L. C. A. and Pfaff, D. W. (1976) Efferents from medial basal forebrain and hypothalamus in the rat. I. *J. Comp. Neurol.*, **169**: 185-220.

Conrad, C. L. A., Leonard, C. M. and Pfaff, D. W. (1974) Connections of the median and dorsal raphe nuclei in the rat: An autoradiographic and degeneration study. *J. Comp. Neurol.*, **156**: 179-206.

Cottingham, S. and Pfaff, D. W. (1987) Central gray stimulation potentiates lateral vestibular effects on deep back muscle EMG in the rat. *Brain Res.*, **421**: 397-400.

Cottingham, S., Femano, P. and Pfaff, D. (1987) Central gray stimulation potentiates reticular effects on deep back muscle EMG in the rat. *Exp. Neurol.*, **97**: 704-724.

Crowley, W. R., Popolow, H. B. and Ward, O. B. Jr. (1973) From dud to stud: Copulatory behavior elicited through conditioned arousal in sexually inactive male rats. *Physiol. Behav.*, **10**: 391-394.

Dahlof, L.-G. and Larsson, K. (1976) Interactional effects of pudendal nerve section and social restriction on male rat sexual behavior. *Physiol. Behav.*, **16**: 757-762.

Dallo, J. (1977) Effect of two brain serotonin depletors on the sexual behavior of male rats. *Pol. J. Pharmacol. Parm.*, **29**: 247-251.

Davidson, J. M. (1966a) Characteristics of sex behaviour in male rats following castration. *Anim. Behav.*, **14**: 266-272.

Davidson, J. M. (1966b) Activation of the male rat's sexual behavior by intracerebral implantation of androgen. *Endocrinology*, **79**: 783-794.

Davidson, J. M., Rodgers, C. H., Smith, E. R. and Bloch, G. J. (1968) Stimulation of female sex behavior in adrenalectomized rats with estrogen alone. *Endocrinology*, **82**: 193-195.

Davidson, J. M., Stefanick, M. L., Sachs, B. D. and Smith, E. R. (1978) Role of androgen in sexual reflexes of the male rat. *Physiol. Behav.*, **21**: 141-146.

Davis, P. G. and Barfield, R. J. (1979) Activation of masculine sexual behavior by intracranial estradiol benzoate implants in male rats. *Neuroendocrinology*, **28**: 217-227.

Day, T. A., Blessing, W. and Willuoghby, J. O. (1980) Noradrenergic and dopaminergic projections to the medial preoptic area of the rat. A combined horseradish peroxidase/catecholamine fluorescence study. *Brain Res.*, **193**: 543-548.

De Barenne, D. O. and Gibbs, F. A. (1942) Variations in the electroencephalogram during the menstrual cycle. *Amer. J. Obstet. Gynec.*, **44**: 687-690, 1942.

DePaolo, L. V., McCann, S. M. and Negro-Vilar, A. (1982) A sex difference in the activation of hypothalamic catecholaminergic and luteinizing hormone releasing hormone peptidergic neurons after acute castration. *Endocrinology*, **110**: 531-539.

Del Fiaccio, M., Fratta, W., Gessa, G. L. and Tagliamonte, A. (1974) Lack of copulatory behaviour in male castrated rats after *p*-chlorophenylalanine. *Br. J. Pharmacol.*, **51**: 249-251.

Denniston, R. H. II (1954) Quantification and comparison of sex drives under various conditions in terms of a learned response. *J. Comp. Physiol. Psychol.*, **47**: 437-440.

De Olmos, J. S. and Ingram, W. R. (1972) The projection field of the stria terminalis in the rat brain: An experimental study. *J. Comp. Neurol.*, **146**: 303-334.

De Vries, G. J. and Buijs, R. M. (1983) The origin of the vasopressinergic and oxytocinergic innervation of the rat brain with special reference to the lateral septum. *Brain Res.*, **273**: 307-317.

Dewsbury, D. A. (1967) A quantitative description of the behavior of rats during copulation. *Behaviour*, **29**: 154-178.

Dewsbury, D. A. (1968) Copulatory behavior of rats: Variations within the dark phase of the diurnal cycle. *Commun. Behav. Biol.*, **1**: 373-377.

Dewsbury, D. A. (1968) Copulatory behavior in rats: Changes as satiety is approached. *Psychol. Rep.*, **22**: 937-943.

Dewsbury, D. A. (1969) Copulatory behaviour of rats (*Ruttus norvegicus*) as a function of prior copulatory experience. *Anim. Behav.*, **17**: 217-223.

Dewsbury, D. A. (1972) Patterns of copulatory behavior in male mammals. *Q. Rev. Biol.*, **47**: 1-33.

Dewsbury, D. A. (1975) The normal heterosexual pattern of copulatory behavior in male rats: Effects of drugs that alter brain monoamine levels. In: *Sexual Behavior; Pharmacology and Biochemistry*, (eds.) M. Sandler and G. L. Gessa, Raven Press, New York: pp. 169-179.

Dewsbury, D. A. (1979) Factor analyses of measures of copulatory behavior in three species of muroid rodents. *J. Comp. Physiol. Psychol.*, **93**: 868-878.

Dewsbury, D. A. (1981) Effects of novelty on copulatory behavior: The Coolidge effect and related phenomena. *Psychol. Bull.*, **89**: 464-482.

Dewsbury, D. A., Goodman, E. D., Salis, P. J. and Bunnell, B. N. (1968) Effects of hippocampal lesions on the copulatory behavior of male rats. *Physiol. Behav.*, **3**: 651-656.

Diakow, C. (1975) Motion picture analysis of rat mating behavior. *J. Comp. Physiol. Psychol.*, **88**: 704-712.

Dohanich, G. P., Witcher, J. A., Weaver, D. R. and Clemens, L. G. (1982) Alteration of muscarinic binding in specific brain areas following estrogen treatment. *Brain Res.*, **241**: 347-350.

Doherty, P. C., Bartke, A. and Smith, M. S. (1981) Differential effects of bromocriptine treatment on LH release and copulatory behavior in hyperprolactinemic male rats. *Horm. Behav.*, **15**: 436-450.

Doherty, P. C., Bartke, A. and Smith, M. S. (1985) Hyperprolactinemia and male sexual behavior: Effects of steroid replacement with estrogen plus dihydrotestosterone. *Physiol. Behav.*, **35**: 99-104.

Doherty, P. C., Bartke, A., Smith, M. S. and Davis, S. L. (1985) Increased serum prolactin levels mediate the suppressive effects of ectopic pituitary grafts on copulatory behavior in male rats. *Horm. Behav.*, **19**: 111-121.

Doherty, P. C., Bartke, A., Hogan, M. P., Klemcke, H. and Smith, M. S. (1982) Effects of hyperprolactinemia on copulatory behavior and testicular human chorionic gonadotropin binding in adrenalectomized rats. *Endocrinology*, **111**: 820-826.

Döhler, K.-D., Coquelin, A., Hines, M., Davis, F., Shryne, J. E. and Gorski, R. A. (1983) Hormonal influence on sexual differentiation of rat brain anatomy. In: *Hormones and Behaviour in Higher Vertebrates*, (eds.) J. Blthazart, E. Prove and R. Gilles, Springer-Verlag, Berlin Heidelberg: pp. 194-203.

Döhler, K.-D., Hancke, J. L., Srivastava, S. S., Hofmann, C., Shryne, J. E. and Gorski, R. A. (1984) Participation of estrogens in female sexual differentiation of the brain: Neuroanatomical neuroendocrine and behavioral evidence. *Prog. Brain Res.*, **61**: 99-115.

Dornan, W. A. and Malsbury, C. W. (1984) Facilitation of lordosis by infusion of substance P in the midbrain central gray. *Soc. Neurosci. Abstr.*, **10**(1): 172 (Abstract No. 53.1).

Dörner, G. (1983) Hormone-dependent brain development and behaviour. In: *Hormones and Behaviour in Higher Vertebrates*, (eds.) J. Balthazart, E. Prove and R. Gilles, Springer-Verlag, Berlin Heidelberg: pp. 204-217.

Dörner, G., Döcke, F. and Moustafa, S. (1968) Differential localization of a male and a female hypothalamic mating centre. *Journal of Reproduction and Fertility*, **17**: 583-586.

Doty, R. L. (1974) A cry for the liberation of the female rodent: Courtship and copulation in Rodentia. *Psychol. Bull.*, **81**: 159-172.

Drago, F. (1984)Prolactin and sexual behavior: A review. *Neurosci. Biobehav. Rev.*, **8**: 433-439.

Ebbesson, S. O. E. (1967) Ascending axon degeneration following hemisection of the spinal cord in the tegulizard (*Tupinambis nigropunctatus*). *Brain Res.*, **5**: 178-206.

Ebbesson, S. O. E. (1969) Brain stem afferents from the spinal cord in a sample of reptilian and amphibian species. *Ann. N. Y. Acad. Sci.*, **167**: 80-101.

Edwards, D. A. and Einhorn, L. C. (1986) Preoptic and midbrain control of sexual motivation. *Physiol. Behav.*, **37**: 329-335.

Edwards, D. A. and Pfeifle, J. K. (1981) Hypothalamic and midbrain control of sexual receptivity in the female rat. *Physiol. Behav.*, **26**: 1061-1067.

Eibergen, R. D. and Caggiula, A. R. (1973) Ventral midbrain involvement in copulatory behavior of the male rat. *Physiol. Behav.*, **10**: 435-441.

Eibergen, R. D. and Caggiula, A. R. (1975) Acceleration and pacing of copulatory performance of male rats by repeated, aversive brain stimulation. *Physiol. Behav.*, **15**: 253-257.

Emery, D. E. and Larsson, K. (1979) Rat strain differences in copulatory behavior after para-chlorophenylalanine and hormone treatment. *J. Comp. Physiol. Psychol.*, **93**: 1067-1084.

Emery, D. E. and Sachs, B. D. (1975) Ejaculatory pattern in female rats without androgen treatment. *Science*, **190**: 484-486.

Emery, D. E. and Sachs, B. D. (1976) Copulatory behavior in male rats with lesions in the bed nucleus of the stria terminalis. *Physiol. Behav.*, **17**: 803-806.

Erskine, M. S., Barfield, R. J. and Goldman, B. D. (1978) Intraspecific fighting during late pregnancy and lactation in rats and effects of litter removal. *Behav. Biol.*, **23**: 206-218.

Everitt, B. J. and Fuxe, K. (1977) Serotonin and the sexual behavior of female rats: Effects of hallucinogenic indolealkylamines and phenylethylamines. *Neurosci. Lett.*, **4**: 213-220.

Everitt, B. J. and Stacey, P. (1987) Studies of instrumental behavior with sexual reinforcement in male rats(*Rattus norvegicus*), II. Effects of preoptic area lesions, castration, and testosterone. *J. Comp. Psychol.*, **101**: 407-419.

Everitt, B. J., Fuxe, K. and Hokfelt, T. (1974) Inhibitory role of dopamine and 5-hydroxytryptamine in the sexual behavior of female rats. *Eur. J. Pharmacol.*, **29**: 187-191.

Everitt, B. J., Fuxe, K., Hokfelt, T. and Jonsson, G. (1975) Role of monoamines in the control of hormones of sexual receptivity in the female rat. *J. Comp. Phy-*

siol. Psychol., **89**: 556-572.
Fahrbach, S. E. (1984) Maternal behavior in the rat: Neuroendocrine and neuroanatomical substrates. Ph. D. Thesis, The Rockefeller University, New York.
Fahrbach, S. E. and Pfaff, D. W. (1986) Effect of preoptic region implants of dilute estradiol on the maternal behavior of ovariectomized, nulliparous rats. *Horm. Behav.*, **20**: 354-363.
Fahrbach, S. E., Morrell, J. I. and Pfaff, D. W. (1984) Oxytocin induction of short-latency maternal behavior in nulliparous, estrogen-primed female rats. *Horm. Behav.*, **18**: 267-286.
Fahrbach, S. E., Morrell, J. I. and Pfaff, D. W. (1985) Possible role for endogenous oxytocin in estrogen-facilitated maternal behavior in rats. *Neuroendocrinology*, **40**: 562-532.
Fahrbach, S. E., Morrell, J. I. and Pfaff, D. W. (1986) Identification of medial preoptic neurons that concentrate estradiol and project to the midbrain in the rat. *J. Comp. Neurol.*, **247**: 364-382.
Fallon, J. H. and Moore, R. Y. (1978) Catecholamine innervation of the basal forebrain. *J. Comp. Neurol.*, **180**: 545-580.
Feder, H. H. (1971) The comparative actions of testosterone propionate and 5α-androstan-17β-ol-3-one propionate on the reproductive behaviour, physiology and morphology of male rats. *J. Endocrinol.*, **51**: 241-252.
Feder, H. H., Naftolin, F. and Ryan, K. J. (1974) Male and female sexual responses in male rats given estradiol benzoate and 5α-androstan-β-ol-3-1-one propionate. *Endocrinology*, **94**: 136-141.
Fernandez-Guasti, A., Larsson, K. and Beyer, C. (1985) Comparison of the effects of different isomers of bicuculline infused in the preoptic area on male rat sexual behavior. *Experientia*, **41**: 1414-1416.
Fernandez-Guasti, A., Larsson, K. and Beyer, C. (1986a) GABAergic control of masculine sexual behavior. *Pharmacol. Biochem. Behav.*, **24**: 1065-1070.
Fernandez-Guasti, A., Larsson, K. and Beyer, C. (1986b) Effect of bicuculline on sexual activity in castrated male rats. *Physiol. Behav.*, **36**: 235-237.
Fernandez-Guasti, A., Larsson, K. and Vega-Sanabria, J. (1986c) Depression of postejaculatory ultrasonic vocalization by (+)-bicuculline. *Behav. Brain Res.*, **19**: 35-39.
Finley, J. C. W., Lindstrom, P. and Petrusz, P. (1981) Immunocytochemical localization of β-endorphin-containing neurons in the rat brain. *Neuroendocrinology*, **33**: 28-42.
Finley, J. C. W., Maderdrut, J. L. and Petrusz, P. (1981) The immunocytochemical localization of enkephalin in the central nervous system of tha rat. *J. Comp. Neurol.*, **198**: 541-565.

Fisher, A. E. (1956) Maternal and sexual behavior induced by intracranial chemical stimulation. *Science*, **124**: 228-229.

Fleischer, S. and Slotnick, B. M. (1978) Disruption of maternal behavior in rats with lesions of the septal area. *Physiol. Behav.*, **21**: 189-200.

Fleming, A. S. (1976) Control of food intake in the lactating rat: Role of suckling and hormones. *Physiol. Behav.*, **17**: 841-848.

Fleming, A. S. and Rosenblatt, J. S. (1974) Olfactory regulation of maternal behavior in rats. II. Effects of peripherally induced anosmia and lesions of the lateral olfactory tract in pup-induced virgins. *J. Comp. Physiol. Psychol.*, **86**: 233-246.

Fleming, A. S. and Rosenblatt, J. S. (1974) Maternal behavior in the virgin and lactating rat. *J. Comp. Physiol. Psychol.*, **86**: 957-972.

Fleming, A. S., Miceli, M. and Moretto, D. (1983) Lesions of the medial preoptic area prevent the facilitation of maternal behavior produced by amygdala lesions. *Physiol. Behav.*, **31**: 503-510.

Fleming, A. S., Vaccarino, F. and Luebke, C. (1980) Amygdaloid inhibition of maternal behavior in the nulliparous female rat. *Physiol. Behav.*, **25**: 731-743.

Foreman, M. M. and Moss, R. L. (1978) Role of hypothalamic alpha and beta adrenergic receptors in the control of lordotic behavior in the ovariectomized estrogen-primed rat. *Pharmacol. Biochem. Behav.*, **9**: 235-241.

Fox, J. E. (1970) Reticulospinal neurones in the rat. *Brain Res.*, **23**, 35-40.

Frankfurt, M., Fuchs, E. and Wuttke, W. (1984) Sex difference in γ-aminobutyric acid and glutamate concentrations in discrete rat brain nuclei. *Neurosci. Lett.*, **50**: 245-250.

Frankova, S. (1977) Drug-induced changes in the maternal behavior of rats. *Psychopharmacology*, **53**: 83-87.

Franz, J. R., Leo, R. J., Steuer, M. A. and Kristal, M. B. (1986) Effects of hypothalamic knife cuts and experience on maternal behavior in the rat. *Physiol. Behav.*, **38**: 629-640.

Friedman, M. I., Bruno, J. P. and Alberts, J. R. (1981) Physiological and behavioral consequences in rats of water recycling during lactation. *J. Comp. Phychol.*, **95**: 26-35.

Fuxe, K. (1965) Evidence for the existence of monoamine neurons in the central nervous system. IV. Distribution of monoamine nerve terminals in the central nervous system. *Acta Physiol. Scand.*, **64** (Suppl. 247): 38-85.

Fuxe, K., Roberts, P. and Schwarcz, R. (1984) *Excitotoxins*. Plenum Press, New York.

Fuxe, K., Everitt, B. J., Agnati, L., Fredholm, B. and Jansson, B. (1976) On the biochemistry and pharmacology of hallucinogens. In: *Schizophrenia Today*, (eds.) D. Kermal, G. Bartholini and P. Richter, Pergamon Press, New York.

Fuxe, K., Eneroth, P., Gustafsson, J.-A., Lofstrom, A. and Skett, P. (1977) Dopamine in the nucleus accumbens: Preferential increase of DA turnover by rat prolactin. *Brain Res.*, **122**: 177-182.

Gaffori, O. and Le Moal, M. (1979) Disruption of maternal behavior and appearance of cannibalism after ventral mesencephalic tegmentum lesions. *Physiol. Behav.*, **23**: 317-323.

Gary, N. E. (1962) Chemical mating attractants in the Queen Honey Bee. *Science*, **136**: 773-774.

German, D. C. and Bowden, D. M. (1974) Catecholamine systems as the neural substrate for intracranial self-stimulation: A hypothesis. *Brain Res.*, **73**: 381-419.

Gessa, G. L. (1970) Essential role of testosterone in the sexual stimulation induced by *p*-chlorophenylalanine in male animals. *Nature*, **227**: 616-617.

Gessa, G. L., Pagliett, E. and Pellegini Quarantotti, B. (1979) Induction of copulatory behavior in sexually inactive rats by naloxone. *Science*, **204**: 203-205,

Geyer, L. A. and Barfield, R. J. (1978) Influence of gonadal hormones and sexual behavior on ultrasonic vocalizationin rats. I. Treatment of females. *J. Comp. Physiol. Psychol.*, **92**: 438-446,

Geyer, L. A., Barfield, R. J. and McIntosh, T. K. (1978) Influence of gonadal hormones and sexual behavior on ultrasonic vocalization in rats. II. Treatment of males. *J. Comp. Physiol. Psycol.*, **92**: 447-456.

Giantonio, G. W., Lund, N. L. and Gerall, A. A. (1970) Effect of diencephalic and rhinencephalic lesions on the male rat's sexual behavior. *J. Comp. Physiol. Psychol.*, **73**: 38-46.

Gilder, P. M. and Slater, P. J. (1978) Interest of mice in conspecific male odours is influenced by degrees of kindship. *Nature*, **274**: 364-365.

Ginton, A. (1976) Copulation in noncopulators: Effect of PCPA in male rats. *Pharmacol. Biochem. Behav.*, **4**: 357-359.

Ginton, A. and Merari, A. (1977) Long range effects of MPOA lesion on mating behavior in the male rat. *Brain Res.*, **120**: 158-163.

Giordano, A. L., Johnson, A. E. and Rosenblatt, J. S. (1985) Haloperidol-induced disruption of maternal behavior in lactating rats. Paper presented at Conference on Reproductive Behavior, Asilomar, CA.

Goldberg, J. M. and Moore, R. Y. (1967) Ascending projections of the lateral lemniscus in the cat and monkey. *J. Comp. Neurol.*, **129**: 143-156.

Goldfoot, D. A. and Baum, M. J. (1972) Initiation of mating behavior in developing male rats following peripheral electric shock. *Physiol. Behav.*, **8**: 857-863.

Gorski, R. A., Gordon, J. H., Shryne, J. E. and Southam, A. M. (1978) Evidence for a morphological sex difference within the medial preoptic area of the rat brain. *Brain Res.*, **148**: 333-346.

文 献

Gradwell, P. B., Everitt, B. J. and Herbert, J. (1975) 5-Hydroxytryptamine in the central nervous system and sexual receptivity of female rhesus monkeys. Brain Res., 88: 281-293.

Graham, J. M. and Desjardins, C. (1980) Classical conditioning: Induction of luteinizing hormone and testosterone secretion in anticipation of sexual activity. Science, 210: 1039-1041.

Gray, G. D., Smith, E. R. and Davidson, J. M. (1980) Hormonal regulation of penile erection in castrated male rats. Physiol. Behav., 24: 463-468.

Green, J. D. and Arduini, A. (1954) Hippocampal electrical activity in arousal. J. Neurophysiol., 17: 533-557.

Grimm, C. T. and Bridges, R. S. (1983) Opiate regulation of maternal behavior in the rat. Pharmacol. Biochem. Behav., 19: 609-616.

Haldar, J., Hoffman, D. L. and Zimmerman, E. A. (1982) Morphine, β-endorphin and [D-Ala^2] met-enkephalin inhibit oxytocin release by acetylcholine and suckling. Peptides, 3: 663-668.

Hammer, R. P., Jr. (1984) The sexually dimorphic region of the preoptic area in rats contains denser opiate receptor binding sites in females. Brain Res., 308: 172-176.

花田百造, 下河内稔 (1982) 内側視索前野刺激による STIMULUS-BOUND COPULATION と性行動の促進. 脳研究会会誌, 8: 28-29.

Hansen, S. (1982a) Spinal control of sexual behavior: Effects of intrathecal administration of lisuride. Neurosci. Lett., 33: 329-332.

Hansen, S. (1982b) Hypothalamic control of motivation: The medial preoptic area and masculine sexual behaviour. Scand. J. Psychol., Suppl. 1: 121-126.

Hansen, S. and Drake af Hagelsrum, L. J. K. (1984) Emergence of displacement activities in the male rat following thwarting of sexual behavior. Behav. Neurosci., 98: 868-883.

Hansen, S. and Ferreira, A. (1986) Food intake, aggression, and fear behavior in the mother rat: Control by neural systems concerned with milk ejection and maternal behavior. Behav. Neurosci., 100: 64-70.

Hansen, S. and Gummesson, B. M. (1982) Participation of the lateral midbrain tegmentum in the neuroendocrine control of sexual behavior and lactation in the rat. Brain Res., 251: 319-325.

Hansen, S. and Köhler, C. (1984) The importance of the peripeduncular nucleus in the neuroendocrine control of sexual behavior and milk ejection in the rat. Neuroendocrinology, 39: 563-572.

Hansens, S., Köhler, C. and Ross, S. B. (1982) On the role of the dorsal mesencephalic tegmentum in the control of masculine sexual behavior in the rat: Effects of electrolytic lesions, ibotenic acid and DSP 4. Brain Res., 240: 311-320.

文　　献

Hansen, S., Köhler, C., Goldstein, M. and Steinbusch, H. V. M. (1982) Effects of ibotenic acid-induced neuronal degeneration in the medial preoptic area and the lateral hypothalamic area on sexual behavior in the male rat. *Brain Res.*, **239**: 213-232.

Hard, E. and Larsson, K. (1968) Visual stimulation and mating behavior in male rats. *J. Comp. Physiol. Psychol.*, **66**: 805-807.

Harlan, R., Shivers, B. and Pfaff, D. W. (1983) Midbrain microinfusions of prolactin increase the estrogen-dependent behavior, lordosis. *Scienc.*, **219**: 1451-1453.

Harlan, R. E., Shivers, B. D., Moss, R. L., Shryne, J. E. and Gorski, R. A. (1980) Sexual performance as a function of time of day in male and female rats. *Biol. Reprod.*, **23**: 64-71.

Harris, V. S. and Sachs, B. D. (1975) Copulatory behavior in male rats following amygdaloid lesions. *Brain Res.*, **86**: 514-518.

Hart, B. L. (1967) Sexual reflexes and mating behavior in the male dog. *J. Comp. Physiol. Psychol.*, **64**: 388-399.

Hart, B. L. (1968) Sexual reflexes and mating behavior in the male rat. *J. Comp. Physiol. Psychol.*, **65**: 453-460.

Hart, B. L. (1969) Gonadal hormones and sexual reflexes in the female rat. *Hormones and Behavior*, **1**, 65-71.

Hart, B. L. (1973) Effects of testosterone propionate and dihydrotestosterone on penile morphology and sexual reflexes of spinal male rats. *Horm. Behav.*, **4**: 239-246.

Hart, B. L. (1974) The medial preoptic-anterior hypothalamic area and sociosexual behavior of male dogs. *J. Comp. Physiol. Psychol.*, **86**: 328-349.

Hart, B. L. (1979) Activation of sexual reflexes of male rats by dihydrotestosterone but not estrogen. *Physiol. Behav.*, **23**: 107-109.

Hart, B. L. (1986) Medial preoptic-anterior hypothalamic lesions and sociosexual behavior of male goats. *Physiol. Behav.*, **36**: 301-305.

Hart, B. L. and Leedy, M. G. (1985) Neurological bases of male sexual behavior. A comparative analysis. In: *Reproduction (Handbook of Behavioral Neurobiology*, Vol. 7), (eds.) N. Adler, D. Pfaff and R. W. Goy, Plenum, New York London: pp. 373-422.

Hart, B. L., Haugen, C. M. and Peterson, D. M. (1973) Effects of medial preoptic-anterior hypothalamic lesions on mating behavior of male cats. *Brain Res.*, **54**: 177-191.

Hart, B. L., Wallach, S. J. R. and Melese-d'Hosptial, P. Y. (1983) Differences in responsiveness to testosterone of penile reflexes and copulatory behavior of male rats. *Horm. Behav.*, **17**: 274-283.

Hastings, M. H., Winn, P. and Dunnett, S. B. (1985) Neurotoxic amino acid lesions of the lateral hypothalamus: A parametric comparison of the effects of ibotenate,

N-methyl-D, L-aspartate and quisqualate in the rat. *Brain Res.*, **360**: 248-256.

林　進 (1980) 哺乳類の行動. 代謝, **17**: 151-157.

Hayle, T. H. (1973) A comparative study of spinal projections to the brain (except cerebellum) in three classes of poikilothermic vertebrates. *J. Comp. Neurol.*, **149**: 463-476.

Heimer, L. and Larsson, K. (1964) Drastic changes in the mating behavior of male rats following lesions in the junction of diencephalon and mesencephalon. *Experientia*, **20**: 460-461.

Heimer, L. and Larsson, K. (1966/1967) Impairment of mating behavior in male rats following lesions in the preoptic-anterior hypothalamic continuum. *Brain Res.*, **3**: 248-263.

Heimer, L. and Larsson, K. (1967) Mating behavior of male rats after olfactory bulb lesions. *Physiol. Behav.*, **2**: 207-209.

Hendricks, S. E. and Scheetz, H. A. (1973) Interaction of hypothalamic structures in the mediation of male sexual behavior. *Physiol. Behav.*, **10**: 711-716.

Herberg, L. J. (1963) Seminal ejaculation following positively reinforcing electrical stimulation of the rat hypothalamus. *J. Comp. Physiol. Psychol.*, **56**: 679-685.

Herrick, C. J. and Bishop, G. H. (1958) A comparative survey of the spinal lemniscus systems. In: *Reticular Formation of the Brain*, (eds.) H. H. Jasper, L. D. Proctor, R. S. Knighton, W. C. Noshay and R. T. Costello, Boston, Little, Brown.

Hetta, J. and Meyerson, B. J. (1978)Sexual motivation in the male rat: A methodological study of sex-specific orientation and the effects of gonadal hormones. *Acta Physiol. Scand.* (Suppl.), **453**: 1-68.

日野林俊彦 (1991) 思春期における発達加速現象の研究―性成熟における心理・社会環境的要因の分析を中心に―[博士論文].

Hitt, J. C., Hendricks, S. E., Ginsberg, S. I. and Lewis, J. H. (1970) Disruption of male, but not female, sexual behavior in rats by medial forebrain bundle lesions. *J. Comp. Physiol. Psychol.*, **73**: 377-384.

樋渡宏一 (1986) 性の源をさぐる. 岩波新書 345, pp. 187-188.

Hlinak, Z. and Dvorska, I. (1984) Sexual behaviour of juvenile male rats injected with lisuride. *Behav. Process.*, **9**: 281-291.

Hlinak, Z., Madlafousek, J. and Krejci, I. (1983)Effects of lisuride on precopulatory and copulatory behavior of adult male rats. *Psychopharmacology*, **79**: 231-235.

Horio, T., Shimura, T., Hanada, M. and Shimokochi, M. (1986) Multiple unit activities recorded from the medial preoptic area during copulatory behavior in freely moving male rats. *Neurosci. Res.*, **3**: 311-320.

Horio, T., Shimura, T. and Shimokochi, M. (1985) The neuronal activity in the ventral tegmental area during male copulatory behavior in the rat. *Neurosci. Res.*, Suppl. **1**: S 8.

Hull, E. M., Bitran, D., Pehek, E. A., Warner, R. K., Band, L. C. and Holmes, G. M. (1986) Dopaminergic control of male sex behavior in rats: Effects of an intracerebrally-infused agonist. *Brain Res.*, **370**: 73-81.

生田琢己 (1980) 群平均 SEP の性差. 臨床脳波, **22**: 174-179.

岩動孝一郎 (1981) 男性の性成熟現象. 現代の性 (熊本悦明編), からだの科学, 臨時増刊, 20-26.

Jackson, G. L. (1972) Effect of actinomycin D on estrogen-induced release of luteinizing hormone in ovariectomized rats. *Endocrinology*, **91**: 1284-1287.

Jacobson, C. D., Terkel, J., Gorski, R. A. and Sawyer, C. H. (1980) Effects of small medial preoptic area lesions on maternal behavior: Retrieving and nest building in the rat. *Brain Res.*, **194**: 471-478.

Jans, J. E. and Leon, M. (1983) The effects of lactation and ambient temperature on the body temperatuer of female Norway rats. *Physiol. Behav.*, **30**: 959-961.

Jasper, H. H. and Andrews, H. L. (1938) Electroencephalography III. Normal differentiation of occipital and precnetral regions in man. *Arch. Neurol. Psychiat.*, **39**: 96-115.

Johnson, W. A. and Tiefer, L. (1974) Mating in castrated male rats during combined treatment with estradiol benzoate and fluoxymesterone. *Endocrinology*, **95**: 912-915.

Johnston, P. and Davidson, J. M. (1972) Intracerebral androgens and sexual behavior in the male rat. *Horm. Behav.*, **3**: 345-357.

Jones, E. G., Burton, H., Saper, C. B. and Swanson, L. W. (1976) Midbrain, diencephalic and cortical relationships of the basal nucleus of Meynert and associated structures. *J. Comp. Neurol.*, **167**: 385-420.

Jowaisas, D., Taylor, J., Dewsbury, D. A and Malagodi, E. F. (1971) Copulatory behavior of male rats under an imposed operant requirement. *Psychon. Sci.*, **25**: 287-290.

Joyce, J. N., Montero, E. and Van Hartesveldt, C. (1984) Dopamine-mediated behaviors: Characteristics of modulation by estrogen. *Pharmacol. Biochem. Behav.*, **21**: 791-800.

Kaba, H., Saito, H., Seto, K. and Kawakami, M. (1982) Antidromic identification of neurons in the ventrolateral part of the medulla oblongata with ascending projections to the preoptic and anterior hypothalamic area (POA/AHA). *Brain Res.*, **234**: 149-154.

Kalra, P. S., Simpkins, J. W. and Kalra, S. P. (1981) Hyperprolactinemia counteracts the testosterone-induced inhibition of the preoptic area dopamine turnover. *Neuroendocrinology*, **33**: 118-122.

Kalra, P. S., Simpkins, J. W., Luttge, W. G. and Kalra, S. P. (1983) Effects of male sex behavior and preoptic dopamine neurons of hyperprolactinemia induced by

MtTW 15 pituitary tumors. *Endocrinology*, **113**: 2065-2071.

Kamel, E. and Frankel, A. I. (1978) The effect of medial preoptic area lesions on sexually stimulated hormone release in the male rat. *Horm. Behav.*, **10**: 10-21.

Karen, L. M. and Barfield, R. J. (1975) Differential rates of exhaustion and recovery of several parameters of male rat sexual behavior. *J. Comp. Physiol. Psychol.*, **88**: 693-703.

Kaufman, L., Pfaff, D. W. and McEwen, B. S. (1986) Lordosis behavior following hypothalamic oxytocin implants. *Eur. J. Pharm.* (submitted).

Kelley, D. B. and Pfaff, D. W. (1977) Generalizations from comparative studies on neuroanatomical and endocrine mechanisms for sex behavior. In: *Biological Determinants of Sexual Behavior*, (ed.) J. Hutchison, Chichester, England, Wiley.

Kendrick, K. M. (1982 a) Inputs to testosterone-sensitive stria terminalis neurones in the rat brain and the effects of castration. *J. Physiol. (Lond.)*, **323**: 437-447.

Kendrick, K. M. (1982 b) Effect of castration on medial preoptic/anterior hypothalamic neuroner responses to stimulation of the fimbria in the rat. *J. Physiol. (Lond.)*, **323**: 449-461.

Kendrick, K. M. (1983 a) Effect of testosterone on medial preoptic/anterior hypothalamic neurone responses to stimulation of the lateral septum. *Brain Res.*, **262**: 136-142.

Kendrick, K. M. (1983 b) Electrophysiological effects of testosterone on the medial preoptic-anterior hypothalamus of the rat. *J. Endocrinol.*, **96**: 35-42.

Kendrick, K. M. (1984) Different electrophysiological effects of testosterone on medial preoptic/anterior hypothalamic neurons have similar time courses. *Brain Res.*, **298**: 135-137.

Kendrick, K. M., Drewett, R. F. and Wilcon, C. A. (1981) Effect of testosterone on neuronal refractory periods, sexual behaviour and luteinizing hormone: A comparison of time-courses. *J. Endocrnol.*, **89**: 147-155.

Khachaturian, H., Lewis, M. E. and Watson, S. J. (1983) Enkephalin systems in diencephalon and brainstem of the rat. *J. Comp. Neurol.*, **220**: 310-320.

Khachaturian, H., Lewis, M. E., Schafer, M. K.-H. and Watson, S. J. (1985) Anatomy of the CNS opioid systems. *Trends Neurosci.*, **8**: 111-119.

Kierniesky, N. C. and Gerall, A. A. (1973) Effects of testosterone propionate implants in the brain on the sexual behavior and peripheral tissue of the male rat. *Physiol. Behav.*, **11**: 633-640.

Kim, C. (1960) Sexual activity of male rats following ablation of hippocampus. *J. Comp. Physiol. Psychol.*, **53**: 553-557.

Kimble, D. P., Rogers, L. and Hendrickson, C. W. (1967) Hippocampal lesions disrupt maternal, not sexual, behavior in the albino rat. *J. Comp. Physiol. Psychol.*,

63: 401-407.

Kinder, E. F. (1927) A study of the nest-building activity of the albino rat. *J. Exp. Zool.*, **47**: 117-161.

Kling, A. (1968) Effects of amygdalectomy and testosterone on sexual behavior of male juvenile macaques. *J. Comp. Physiol. Psychol.*, **65**: 466-471.

Kolb, B. (1984) Functions of the frontal cortex of the rat: A comparative review. *Brain Res. Rev.*, **8**: 65-98.

König, J. F. R. and Klippel, R. A. (1963) *The Rat Brain: A Stereotaxic Atlas of the Forebrain and Lower Parts of the Brain Stem.* Williams & Wilkins, Baltimore.

Koopman, P., Gubbay, J., Vivian, N., Goodfellow, P. and Lovell-Badge, R. (1991) Male development of chromosomally female mice transgenic for Sry. *Nature*, **351**: 117-121.

Koranyi, L., Yamanouchi, K. and Arai, Y. (1985) Role of septal fibers in the onset of artificially induced parental behavior in rats. *Zool. Sci.*, **1**: 991.

Kordon, C., Blake, C. A., Terkel, J. and Sawyer, C. H. (1973/74) Participation of serotonin-containing neurons in the suckling-induced rise in plasma prolactin levels in lactating rats. *Neuroendocrinology*, **13**: 213-223.

越野好文 (1970) 正常成人脳波の再検討, 精神経誌, **72**: 1051-1088.

Kostarczyk, E. M. (1986) The amygdala and male reproductive functions: I. Anatomical and endocrine bases. *Neurosci. Biobehav. Rev.*, **10**: 67-77.

Kow, L.-M. and Pfaff, D. W. (1973) Effects of estrogen treatment on the size of receptive field and response threshold of pudendal nerve in the female rat. *Neuroendocrinology*, **13**: 299-313.

Kow, L.-M. and Pfaff, D. W. (1975) Induction of lordosis in female rats: Two modes of estrogen action and the effect of adrenalectomy. *Hormones and Behavior*, **6**: 259-276.

Kow, L.-M. and Pfaff, D. W. (1976) Sensory requirements for the lordosis reflex in female rats. *Brain Res.*, **101**: 47-66.

Kow, L.-M., Montgomery, M. and Pfaff, D. W. (1977 b) Effects of spinal cord transections on lordosis reflex in female rats. *Brain Res.*, **123**: 75-88.

小山純正 (1985) サルの性行動とグルーミングの視床下部による調節. 福岡医誌, **79**: 72-90.

Krieger, M. S., Conrad, L. C. A. and Pfaff, D. W. (1979) An autoradiographic study of the efferent connections of the ventromedial nucleus of the hypothalamus. *J. Comp. Neurol.*, **183**: 785-816.

Kuehn, R. E. and Beach, F. A. (1963) Quantitative measurement of sexual receptivity in female rats. *Behaviour*, **21**: 282-299.

Kurtz, R. G. and Adler, N. T. (1973) Electrophysiological correlates of copulatory behavior in the male rat: Evidence for a sexual inhibitory process. *J. Comp. Physiol. Psychol.*, **84**: 258-239.

Lamb, W. M., Ulett, G. A., Masters, W. H. and Robinson. D. W. (1953) Premenstrual tension: EEG, homonal and psychiatric evaluation. *Amer. J. Psychiat.*, **106**: 840-848.

Landau, I. T. (1980) Facilitation of male sexual behavior in adult male rats by the aromatization inhibitor, 1,4,6-androstatriene-3,17-dione(ATD). *Physiol. Behav.*, **25**: 173-177.

Lang, R. E., Heil, J., Ganten, D., Hermann, K., Rascher, W. and Unger, T. (1983) Effects of lesions in the paraventricular nucleus of the hypothalamus on vasopressin and oxytocin contents in brainstem and spinal cord of rat. *Brain Res.*, **260**: 326-329.

Larsson, K. (1962a) Mating behavior in male rats after cerebral cortex ablation. I. Effects of lesions in the dorsolateral and the median cortex. *J. Exp. Zool.*, **151**: 167-176.

Larsson, K. (1962b) Spreading cortical depression and the mating behaviour in male and female rats. *Z. f. Tierpsychol.*, **19**: 321-331.

Larsson, K. (1963) Non-specific stimulation and sexual behaviour in the male rat. *Behaviour*, **20**: 110-114.

Larsson, K. (1964) Mating behavior in male rats after cerebral cortex ablation. II. Effects of lesions in the frontal lobes compared to lesions in the posterior half of the hemispheres. *J. Exp. Zool.*, **155**: 203-214.

Larsson, K. (1969) Failure of gonadal and gonadotrophic hormones to compensate for an impaired sexual function in anosmic male rats. *Physiol. Behav.*, **4**: 733-737.

Larsson, K. (1971) Impaired mating performances in male rats after anosmia induced peripherally or centrally. *Brain Behav Evol.*, **4**: 463-471.

Larsson, K. (1975) Sexual impairment of inexperienced male rats following pre-and postpubertal olfactory bulbectomy. *Physiol. Behav.*, **14**: 195-199.

Larsson, K. (1979) Features of the neuroendocrine regulation of masculine sexual behavior. In: *Endocrine Control of Sexual Behavior*, (ed.) C. Beyer, Raven Press, New York: pp. 77-163.

Larsson, K. and Heimer, L. (1964) Mating behaviour of male rats after lesions in the preoptic area. *Nature*, **202**: 413-414.

Larsson, K. and Sodersten, P. (1973) Mating in male rats after section of the dorsal penile nerve. *Physiol. Behav.*, **10**: 567-571.

Larsson, K., Oberg, R. G. E. and Divac, I. (1980) Frontal cortical ablations and sexual performance in male albino rats. *Neurosci. Lett.*, Suppl. **5**: 319.

Larsson, K., Fuxe, K., Everitt, B. J., Holmgren, M. and Sodersten, P. (1978) Sexual behavior in male rats after intracerebral injection of 5,7-dihydroxytryptamine.

Brain Res., 141: 293-303.

Larsson, K., Perez-Palacios, G., Morali, G. and Beyer, C. (1975) Effects of dihydrotestosterone and estradiol pretreatment upon testosterone-induced sexual behavior in the castrated male rat. Horm. Behav., 6: 1-8.

Law, T. and Meagher, W. (1958): Hypothalamic lesions and sexual behavior in the female rat. Science, 128: 1626-1627.

Lehman, M. N. and Winans, S. S. (1982) Vomeronasal and olfactory pathways to the amygdala controlling male hamster sexual behavior: Autoradiographic and behavioral analysis. Brain Res., 240: 27-41.

Leon, M., Croskerry, P. G. and Smith, G. K. (1978) Thermal control of mother-young contact in rats. Physiol. Behav., 21: 793-811.

Leonard, C. M. and Scott, J. W. (1971) Origin and distribution of the amygdaloid pathways in the rat: An experimental neuroanatomical study. J. Comp. Neurol., 141: 313-330.

Le Vay, S. (1991) A difference in hypothalamic structure between heterosexual and homosexual men. Science, 253: 1034-1037, 1991.

Lieberburg, I. and McEwen, B. S. (1977) Brain cell nuclear retention of testosterone metabolites, 5α-dihydrotestosterone and estradiol-17β, in adult rats. Endocrinology, 100: 588-597.

Lieberburg, I., MacLusky, N. and McEwen, B. S. (1980) Cytoplasmic and nuclear estradiol-17β binding in male and female rat brain: Regional distribution, temporal aspects and metabolism. Brain Res., 193: 487-503.

Lieblich, I., Baum, M. J., Diamond, P., Goldblum, N., Iser, C. and Pick, C. G. (1985) Inhibition of mating by naloxone or morphine in recently castrated, but not intact male rats. Pharmacol. Biochem. Behav., 22: 361-364.

Lillie, F. R. (1917) The free martin; a study of the action of sex hormones in the foetal life of cattle. J. Exp. Zool., 23: 271.

Lincoln, D. W., Hentzen, K., Hin, T., van der Schoot, P., Clarke, G. and Summerlee, A. J. S. (1980) Sleep: A prerequisite for reflex milk ejection in tha rat. Exp. Brain Res., 38: 151-162.

Lindvall, O., Bjorklund, A. and Divac, I. (1978) Organization of catecholamine neurons projecting to the frontal cortex in the rat. Brain Res., 142: 1-24.

Lisk, R. D. (1962) Diencephalic placement of estradiol and sexual receptivity in the female rat. Am. J. Physiol., 203: 493-496.

Lisk, R. D. (1966) Inhibitory centers in sexual behavior in the male rat. Science, 152: 669-670.

Lisk, R. D., Ciaccio, L. A. and Reuter, L. A. (1972) Neural centers of estrogen and progesterone action in the regulation of reproduction. In: Biology of Reproduction—Basic and Clinical Studies, (eds.) J. T. Velardo and B. A. Kasprow.

Lodder, J. (1976) Penile deafferentation and the effect of mating experience on sexual motivation in adult male rats. *Physiol. Behav.*, **17**: 571-573.

Lodder, J. and Zeilmaker, G. H. (1976) Effects of pelvic nerve and pudendal nerve transection on mating behavior in the male rat. *Physiol. Behav.*, **16**: 745-751.

Lookingland, K. J. and Moore, K. E. (1984) Effects of estradiol and prolactin on incertohypothalamic dopaminergic neurons in the male rat. *Brain Res.*, **323**: 83-91.

Luine, V. N., Renner, K. J., Frankfurt, M. and Azmitia, E. C. (1984) Facilitated sexual behavior reversed and serotonin restored by raphe nuclei transplanted into denervated hypothalamus. *Science*, **226**: 1436-1438.

Luine, V. N., Frankfurt, M., Rainbow, T. C., Biegon, A. and Azmitia, E. (1983) Intrahypothalamic 5,7-dihydroxytryptamine facilitates feminine sexual behavior and decreases [^{3}H]-imipramine binding and 5-HT uptake. *Brain Res.*, **264**: 344-348.

Luiten, P. G. M., ter Horst, G. J., Karst, H. and Steffens, A. B. (1985) The course of paraventricular hypothalamic efferents to autonomic structures in medulla and spinal cord. *Brain Res.*, **329**: 374-378.

Lumia, A. R., Meisel, R. L. and Sachs, B. D. (1981) Induction of female and male mating patterns in female rats by gonadal steroids: Effects of neonatal or adult olfactory bulbectomy. *J. Comp. Physiol. Psychol.*, **95**: 497-511.

Lund, R. D. and Webster, K. E. (1967) Thalamic afferents from the spinal cord and trigeminal nuclei. An experimental anatomical study in the rat. *J. Comp. Neurol.*, **130**, 313-328.

Luttge, W. G. (1975) Effects of anti-estrogens on testosterone stimulated male sexual behavior and peripheral target tissues in the castrate male rat. *Physiol. Behav.*, **14**: 839-846.

MacLean, P. D. and Ploog, D. W. (1962) Cerebral representation of penile erection. *J. Neurophysiol.*, **25**: 29-55.

MacLean, P. D., Dua, S. and Denniston, R. H. (1963) Cerebral localization or scratching and seminal discharge. *Arch. Neurol.*, **9**: 485-497.

Macey, M. J., Pickford, G. E. and Peter, R. E. (1974) Forebrain localization of the spawning reflex response to exogenous neurohypophysial hormones in the killifish, Fundulus heteroclitus. *J. Exp. Zool.*, **190**: 269-280.

Machne, X. and Segundo, J. P. (1956) Unitary responses to efferent volleys in amygdaloid complex. *J. Neurophysiol.*, **19**: 232-239.

Madlafousek, J. and Hlinak, Z. (1983) Importance of female's precopulatory behaviour for the primary initiation of male's copulatory behaviour in the laboratory rat. *Behaviour*, **86**: 237-249.

Madlafousek, J., Freund, K. and Grofova, I. (1970) Variables determining the effect of electrostimulation in the lateral preoptic area on the sexual behavior of male rats. *J. Comp. Physiol. Psychol.*, **72**: 28-44.

Mainardi, O., Marsan, M. and Pasqali, A. (1965) Causation of sexual preference in the housemouse. The behaviour of mice reared by parents. *Atti. Soc. Ital. Sci. Natur. Mus. Civ. Stor. Milano*, **104**: 325.

Malmnas, C. O. and Meyerson, B. J. (1971) *p*-Chlorophenylalanine and copulatory behaviour in the male rat. *Nature*, **232**: 398-400.

Malsbury, C. W. (1971) Facilitation of male rat copulatory behavior by electrical stimulation of the medial preoptic area. *Physiol. Behav.*, **7**: 797-805.

Malsbury, C., Kelley, D. B. and Pfaff, D. W. (1972) Responses of single units in the dorsal midbrain to somatonsensory stimulation in female rats. In: *Progress in Endcrinology, Proc.IV International Congress Endocrinology*. (ed.) C. Gau, Excerpta Medica International Congress Series, #273.

Malsbury, C. and Pfaff, D. W. (1974) Neural and hormonal determinants of mating behavior in adult male rats: A review. In: *Limbic and Autonomic Nervous Systems Research*, (ed.) L. DiCara, Plenum Press, New York.

Manogue, K., Kow, L.-M. and Pfaff, D. W. (1980) Selective brain stem transections affecting reproductive behavior of female rats. *Horm. Behav.*, **14**: 277-302.

Masco, D. H. and Carrer, H. F. (1980) Sexual receptivity in female rats after lesion or stimulation in different amygdaloid nuclei. *Physiol. Behav.*, **24**: 1073-1080.

松浦雅人, 山本紘世, 福沢 等, 上杉秀二, 菅野圭樹, 島薗安雄 (1980) 高校生および20歳代若年成人脳波の性差について. 臨床脳波, **22**: 157-166.

松本亦大郎 (1937) 精神及身体発達の研究. 日本女子大学校児童研究所紀要第一輯, 刀江書院.

Matthews, M. and Adler, N. T. (1977) Facilitative and inhibitory influences of reproductive behavior on sperm transport in rats. *J. Comp. Physiol. Psychol.*, **91**: 727-741.

Mayer, A. D., Faris, P. L., Komisaruk, B. R. and Rosenblatt, J. S. (1985) Opiate antagonism reduces placentophagia and pup cleaning by parturient rats. *Pharmacol. Biochem. Behav.*, **22**: 1035-1044.

McClung, C. F. (1902)The accesory chromosome-sex determinant. *Biol. Bull.*, **3**: 43.

McClintock, M. K. and Adler, N. T. (1978) The role of the famale during copulation in wild and domestic Norway rats (*Ruttus norvegicus*). *Behaviour*, **57**: 67-96.

McConnell, S. K., Baum, M. J. and Badger, T. M. (1981) Lack of correlation between naloxone-induced changes in sexual behavior and serum LH in male rats. *Horm. Behav.*, **15**: 16-35.

McDonald, P. G., Beyer, C., Newton, F., Brien, B., Baker, R., Tan, H. S., Sampson, C., Kitching, P., Greenhill, R. and Pritchard, D. (1970) Failure of 5α-dihydrotestosterone to initiate sexual behavior in the castrated male rat. *Nature*, **227**:

964-965.

McIntosh, T.K. and Barfield, R.J. (1980) The temporal patterning of 40-60 kHz ultrasonic vocalizations and copulation in the rat (*Rattus norvegicus*). *Behav. Neural Biol.*, **29**: 349-358.

McIntosh, T.K. and Barfield, R.J. (1984) Brain monoaminergic control of male reproductive behavior. I. Serotonin and the postejaculatory refractory period. *Behav. Brain Res.*, **12**: 255-265.

McIntosh, T.K., Barfield, R.J. and Thomas, D. (1984) Electrophysiological and ultrasonic correlates of reproductive behavior in the male rat. *Behav. Neurosci.*, **98**: 1100-1103.

McIntosh, T.K., Vallano, M.L. and Barfield, R.J. (1980) Effects of morphine, beta-endorphin and naloxone on catecholamine levels and sexual behavior in the male rat. *Pharmacol. Biochem. Behav.*, **13**: 435-441.

McNaughton, B.L., Barnes, C.A. and O'Keefe, J. (1983) The contributions of position, direction, and velocity to single unit activity in the hippocampus of freely-moving rats. *Exp. Brain Res.*, **52**: 41-49.

Mehler, W.R. (1969) Some neurological species differences—A posteriori. *Ann. N.Y. Acad. Sci.*, **167**: 424-468.

Meisei, R.L. (1982) Effects of postweaning rearing condition on recovery of copulatory behavior from lesions of the medial preoptic area in rats. *Dev. Psychobiol.*, **15**: 331-338.

Meisel, R.L. (1983) Recovery of masculine copulatory behavior from lesions of the medial preoptic area: Effects of age versus hormonal state. *Behav. Neurosci.*, **97**: 785-793.

Meisel, R.L., Lumia, A.R. and Sachs, B.D. (1980) Effects of olfactory bulb removal and flank shock on copulation in male rats. *Physiol. Behav.*, **25**: 383-387.

Meisel, R.L., O'Hanlon, J.K. and Sachs, B.D. (1984) Differential maintenance of penile responses and copulatory behavior by gonadal hormones in castrated male rats. *Horm. Behav.*, **18**: 56-64.

Meisel, R.L., Dohanich, G.P., McEwen, B.S. and Pfaff, D.W. (1985) Brain region specificity in antiestrogen inhibition of lordosis in female rats. *Soc. Neurosci. Abstr.*, **11**: 161 (Abstract no. 52.9).

Meisel, R.L., Dohanich, G.P., McEwen, B.S. and Pfaff, D.W. (1987) Antagonism of sexual behavior in female rats by ventromedial hypothalamic implants of antiestrogen. *Neuroendocrinology*, **45**: 201-207.

Merari, A. and Ginton, A. (1975) Characteristics of exaggerated sexual behavior induced by electrical stimulation of the medial preoptic area in male rats. *Brain Res.*, **86**: 97-108.

Merkx, J. (1984) Effects of neonatal testicular hormones on preference behaviour in

the rat. *Behav. Brain Res.*, **12**: 1-7.
Meyerson, B. J. (1964) Central nervous monoamines and hormone induced estrus behaviour in the spayed rat. *Acta Physiol. Scand.*, **63**(Suppl. 241): 3-32.
Meyerson, B. J. (1966): The effect of imipramine and related antidepressive drugs on estrus behaviour in ovariectomized rats activated by progesterone, reserpine or tetrabenazine in combination with estrogen. *Acta Physiol. Scand.*, **67**: 411-422.
Meyerson, B. J. (1975) Drugs and sexual motivation in the female rat. In: *Sexual Behavior, Pharmacology and Biochemistry*, (ed.) M. Sandler and G. L. Gessa, Raven Press, New York.
Meyerson, B. J. (1981) Comparison of the effects of beta-endorphin and morphine on exploratory and socio-sexual behaviour in the male rat. *Eur. J. Pharmacol.*, **69**: 453-463.
Meyerson, B. J. and Hoglund, A. U. (1981) Exploratory and socio-sexual behaviour in the male laboratory rat: A methodological approach for the investigation of drug action. *Acta Pharmacol. Toxicol.*, **48**: 168-180.
Meyerson, B. J. and Lawander, T. (1970) Serotonin synthesis inhibition and estrous behaviour in female rats. *Life Sci.*, **9**: 661-671.
Meyerson, B. J. and Terenius, L. (1977) β-Endorphin and male sexual behavior. *Eur. J. Pharmacol.*, **42**: 191-192.
Mezey, E., Kiss, J. Z., Mueller, G. P., Eskay, R., O'Donohue, T. L. and Palkovits, M. (1985) Distribution of the pro-opiomelanocortin derived peptides, adrenocorticotrope hormone nocyte-stimulating hormone and β-endorphin (ACTH, α-MSH, β-END) in the rat hypothalamus. *Brain Res.*, **328**: 341-347.
Miceli, M. O., Flemings, A. S. and Malsbury, C. W. (1983) Disruption of maternal behavior in virgin and postparturient rats following sagittal plane knife cuts in the preoptic area-hypothalamus. *Behav. Brain Res.*, **9**: 337-360.
Michael, R. P., Zumpe, D. and Bonsall, R. W. (1986) Comparison of the effects of testosterone and dihydrotestosterone on the behavior of male cynomolgus monkeys (*Macaca fascicularis*). *Physiol. Behav.*, **36**: 349-355.
Michal, E. K. (1973) Effects of limbic lesions on behavior sequences and courtship behavior of male rats (*Ruttus norvegicus*). *Behaviour*, **44**: 264-285.
Miczek, K. A., Brykczynski, T. and Grossman, S. P. (1974) Differential effects of lesions in the amygdala, periamygdaloid cortex, and stria terminalis on aggressive behaviors in rats. *J. Comp. Physiol. Psychol.*, **87**: 760-771.
Millhouse, O. E. (1969) A Golgi study of the descending medial forebrain bundle. *Brain Res.*, **15**: 341-363.
Mitler, M. M., Morden, B., Levine, S. and Dement, W. (1972) The effects of parachlorophenylalanine on the mating behavior of male rats. *Physiol. Behav.*, **8**:

1147-1150.
水野正彦 (1981) 性形態と性分化. 現代の性 (熊本悦明編), からだの科学, 臨時増刊, 12-19.
Modianos, D. and Pfaff, D. W. (1975) Facilitation of the lordosis reflex by electrial stimulation of the lateral vestibular nucleus. Proceedings of the Society for Neuroscience, Abstract 710.
Modianos, D. and Pfaff, D. W. (1976) Brain stem and cerebellar lesions in female rats. II. Lordosis reflex. *Brain Res.*, **106**: 47-56.
Modianos, D. and Pfaff, D. W. (1977) Facilitation of the lordosis reflex by electrical stimulation of the lateral vestibular nucleus. *Brain Res.*, **134**: 333-339.
Mogenson, G. J., Jones, D. L. and Yim, C. Y. (1980) From motivation to action: Functional interface between the limbic system and the motor system. *Prog. Neurobiol.*, **14**: 69-97.
Moltz, H. and Robbins, D. (1965) Maternal behavior of primiparous and multiparous rats. *J. Comp. Physiol. Psychol.*, **60**: 417-421.
Moltz, H., Rowland, D., Steele, M. and Halaris, A. (1975) Hypothalamic norepinephrine: Concentration and metabolism during pregnancy and lactation in the rat. *Neuroendocrinology*, **19**: 252-258.
Moore, C. L. (1981) An olfactory basis for maternal discrimination of sex of offspring in rats (*Rattus norvegicus*). *Anim. Behav.*, **29**: 383-386.
Moore, C. L. (1984) Maternal contributions to the development of masculine sexual behavior in laboratory rats. *Dev. Psychobiol.*, **17**: 347-356.
Moore, C. L. and Morelli, G. A. (1979) Mother rats interact differently with male and female offspring. *J. Comp. Physiol. Psychol.*, **93**: 677-684.
Morali, G., Hernandez, G. and Beyer, C. (1986) Restoration of the copulatory pelvic thrusting pattern in castrated male rats by the intracerebral implantation of androgen. *Physiol. Behav.*, **36**: 495-499.
Morali, G., Larsson, K. and Beyer, C. (1977) Inhibition of testosterone-induced sexual behavior in the castrated male rat by aromatase blockers. *Horm. Behav.*, **9**: 203-213.
Morali, G., Larsson, K., Perez-Palacios, G. and Beyer, C. (1974) Testosterone, androstenedion, and androstenediol: Effects on the initiation of mating behavior of inexperienced castrated male rats. *Horm. Behav.*, **5**: 103-110.
Moss, F. A. (1924) A study of animal drives. *J. Exp. Psychol.*, **7**: 165-185.
Moss, R. L. and McCann, S. M. (1973) Induction of mating behavior in rats by luteinizing hormone-releasing factor. *Science*, **181**: 177-179.
Myers, B. M. and Baum, M. J. (1979) Facilitation by opiate antagonists of sexual performance in the male rat. *Pharmacol. Biochem. Behav.*, **10**: 615-618.
Myers, B. M. and Baum, M. J. (1980) Facilitation of copulatory performance in male

rats by naloxone: Effects of hypophysectomy, 17 alpha-estradiol, and luteinizing hormone releasing hormone. *Pharmacol. Biochem. Behav.*, **12**: 365-370.

Nabekura, J., Oomura, Y., Minami, T., Mizuno, Y. and Fukuda, A. (1986)Mechanism of the rapid effect of 17 β-estradiol on medial amygdala neurons. *Science*, **233**: 226-228.

Naftolin, F., Ryan, K.J., Davies, I.J., Reddy, V.V., Flores, F., Petro, Z., Kuhn, M., White, R.J., Takoka, Y. and Wolin, L. (1975) The formation of estrogens by central neuroendocrine tissue. *Recent Prog. Horm. Res.*, **31**: 295-319.

Nance, D.M., Shryne, J. and Gorski, R.A. (1974) Septal lesions: Effects on lordosis behavior and pattern of gonadotropin release. *Horm. Behav.*, **5**: 73-81.

Nance, D.M., Shryne, J. and Gorski, R.A. (1975) Effects of septal lesions on behavioral sensitivity of female rats to gonadal hormones. *Horm. Behav.*, **6**: 59-64.

Nance, D.M., Shryne, J., Gordon, J.H. and Gorski, R.A. (1977)Examination of some factors that control the effects of septal lesions on lordosis behavior. *Pharmacol. Biochem. Behav.*, **6**: 227-234.

Napoli-Farris, L., Fratta, W. and Gessa, G.L. (1984) Stimulation of dopamine autoreceptors elicits 'premature ejaculation' in rats. *Pharmacol. Biochem. Behav.*, **20**: 69-72.

Nauta, W.J.H. (1956) An experimental study of the fornix system in the rat. *J. Comp. Neurol.*, **104**: 247-273.

西島英利, 向笠広和, 松本武敏, 水木　泰, 稲永和豊, 磯崎　宏, 田中正敏 (1980) 精神作業中の脳波 (Fm θ) の性差について. 臨床脳波, **22**: 167-173.

Noble, R.G. (1979) The sexual responses on the female hamster: A descriptive analysis. *Physiol. Behav.*, **23**: 1001-1005.

Noble, R.G. (1980) Sex responses of the female hamster: Effects on male performance. *Physiol. Behav.*, **24**: 237-242.

Nock, B. and Feder, H.H. (1979) Noradrenergic transmission and female sexual behavior of guinea pigs. *Brain Res.*, **166**: 369-380.

Noirot, E. (1968) Ultrasounds in young rodents. II. Changes with age in albino rats. *Anim. Behav.*, **16**: 129-134.

Nordeen, E.J. and Yahr, P. (1983) A regional analysis of estrogen binding to hypothalamic cell nuclei in relation to masculinization and defeminization. *J. Neurosci.*, **3**: 933-941.

Numan, M. (1974) Medial preoptic area and maternal behavior in the female rat. *J. Comp. Physiol. Psychol.*, **87**: 746-759.

Numan, M. (1985) Brain mechanisms and parental behavior. In: *Handbooks of Behavioral Neurobiology*, Vol. 7 Reproduction, (eds.) N. Adler, D. Pfaff and R.W. Goy, Plenum Press, New York London: pp. 537-605.

Numan, M. and Callahan, E.C. (1980) The connections of the medial preoptic region

and maternal behavior in the rat. *Physiol. Behav.*, **25**: 653-665.
Numan, M. and Corodimas, K. P. (1985) The effects of paraventricular hypothalamic lesions on maternal behavior in rats. *Physiol. Behav.*, **35**: 417-425.
Numan, M. and Nagle, D. S. (1983) Preoptic area and substantia nigra interact in the control of maternal behavior in the rat. *Behav. Neurosci.*, **97**: 120-139.
Numan, M. and Smith, H. G. (1984) Maternal behavior in rats: Evidence for the involvement of preoptic projections to the ventral tegmental area. *Behav. Neurosci.*, **98**: 712-727.
Numan, M., Morrell, J. I. and Pfaff, D. W. (1985) Anatomical identification of neurons in selected brain regions associated with maternal behavior deficits induced by knife cuts of the lateral hypothalamus in rats. *J. Comp. Neurol.*, **237**: 552-564.
Numan, M., Rosenblatt, J. S. and Komisaruk, B. R. (1977) Medial preoptic area and onset of maternal behavior in the rat. *J. Comp. Physiol. Psychol.*, **91**: 146-164.
Numan, M., Corodimas, K. P., Numan, M. J., Factor, E. M. and Piers, W. D. (1988) Axonsparing lesions of the preoptic region and substantia innominata disrupt maternal behavior in rats. *Behav. Neurosci.*, **102**: 381-396.
Nyberg-Hansen, R. (1964) Origin and termination of fibers from the vestibular nuclei descending in the medial longitudinal fasciculus. An experimental study with silver impregnation methods in the cat. *J. Comp. Neurol.*, **122**: 355-367.
Nyberg-Hansen, R. (1965) Sites and mode of termination of reticulo-spinal fibers in the cat. An experimental study with silver impregnation methods. *J. Comp. Neurol.*, **124**: 71-100.
Nyby, J. and Whitney G. (1978) Ultrasonic communication of adult myomorph rodents. *Neurosci. Biobehav. Rev.*, **2**: 1-14.
Ogren, L. and Woolley, D. (1976) Increase in 3H-estradiol binding in brain and pituitary with time after gonadectomy in adult male and female rats. *Neuroendocrinology*, **22**: 259-272.
O'Hanlon, J. K., Meisel, R. L. and Sachs, B. D. (1981) Estradiol maintains castrated male rats' sexual reflexes in copula, but not ex copula. *Behav. Neural Biol.*, **32**: 269-273.
O'Keefe, J. (1976) Place units in the hippocampus of the freely moving rat. *Exp. Neurol.*, **51**: 78-109.
Olsen, K. L., Edwards, E., McNally, W., Schechter, N. and Whalen, R. E. (1982) Muscarinic receptors in hypothalamus: Effects of cyclicity, sex and estrogen treatment. *Soc. Neurosci. Abstr.*, **8**: 423.
Oomura, Y., Yoshimatsu, H. and Aou, S. (1983) Medial preoptic and hypothalamic neuronal activity during sexual behavior of the male monkey. *Brain Res.*, **266**: 340-343.

Oomura, Y., Aou, S., Koyama, Y., Fujita, I. and Yoshimatsu, H. (1988) Central control of sexual behavior. *Brain Res. Bull.*, **20**: 863-870.

Orbach, J. (1961) Spontaneous ejaculation in rat. *Science*, **134**: 1072-1073.

Orbach, J., Miller, M., Billimoria, A. and Solhkhah, N. (1967) Spontaneous seminal ejaculation and genital grooming in rats. *Brain Res.*, **5**: 520-523.

Orsini, J.-C. (1982) Androgen influence on lateral hypothalamus in the male rat: Possible behavioral significance. *Physiol. Behav.*, **29**: 979-987.

Orsini, J.-C., Barone, F.C., Armstrong, D.L. and Wayner, M.J. (1985)Direct effects of androgens on lateral hypothalamic neuronal activity in the male rat: I. A microiontophoretic study. *Brain Res. Bull.*, **15**: 293-297.

Osawa, M (1992) Neurophysiological correlates of ERP in normal aging (Abstr). *EPIC* X. Ager, Hungary.

Paglietti, E., Pellegrini Quarantotti, B., Mereu, G. and Gessa, G.L. (1978) Apomorphine and L-DOPA lower ejaculation threshold in the male rat. *Physiol. Behav.*, **20**: 559-562.

Palkovits, M. and Zaborszky, L. (1979) Neural connections of the hypothalamus. In: *Handbook of the Hypothalamus*, Vol. 1. *Anatomy of the Hypothalamus*, (eds.) P.J. Morgane and J. Panksepp, Marcel Dekker, New York: 379-510.

Panerai, A.E., Sawynok, J., LaBella, F.S. and Friesen, H.G. (1980) Prolonged hyperprolactinemia influences β-endorphin and met-enkephalin in the brain. *Endocrinology*, **106**: 1804-1808.

Parrott, R.F. and Baldwin, B.A. (1984) Sexual and aggressive behaviour of castrated male sheep after injection of gonadal steroids and impantation of androgens in the hypothalamus: A preliminary study. *Theriogenology*, **21**: 533.

Paxinos, G. (1974) The hypothalamus: Neural systems involved in feeding, irritability, aggression, and copulation in male rats. *J. Comp. Physiol. Psychol.*, **87**: 110-119.

Pedersen, C.A. and Prange, A.J., Jr. (1979) Induction of maternal behavior in virgin rats after intracerebroventricular administration of oxytocin. *Proc. Natl. Acad. Sci. USA*, **76**: 6661-6665.

Pedersen, C.A., Ascher, J.A., Monroe, Y.L. and Prange, A.J., Jr. (1982) Oxytocin induces maternal behavior in virgin female rats. *Science*, **216**: 648-649.

Pedersen, C.A., Caldwell, J.D., Brooks, P.J. and Prange, A.J., Jr. (1985) Atropine more potently inhibits the onset than the reemergence of ovarian steroid-induced maternal behavior (Abstr). Conference on Reproductive Behavior, Asilomar, CA.

Pedersen, C.A., Caldwell, J.D., Johnson, M.F., Fort, S.A. and Prange, A.J., Jr. (1985) Oxytocin antiserum delays onset of ovarian steroid-induced maternal behavior. *Neuropeptides*, **6**: 175-182.

Peirce, J. T. and Nuttall, R. L. (1964) Duration of sexual contacts in the rat. *J. Comp. Physiol. Psychol.*, **54**: 585-587.

Pellegrini-Quarantotti, B., Paglietti, E., Bonanni, A., Peta, M. and Gessa, G. L. (1979) Naloxone shortens ejaculation latency in male rats. *Experientia*, **35**: 524-525.

Perkins, M. S., Perkins, M. N. and Hitt, J. C. (1980) Effects of stimulus female on sexual behavior of male rats given olfactory tubercle and corticomedial amygdaloid lesions. *Physiol. Behav.*, **25**: 495-500.

Petras, J. M. (1967) Cortical, tectal and tegmental fiber connections in the spinal cord of the cat. *Brain Res.*, **6**: 275-324.

Pfaff, D. W. (1970a) Mating behavior of hypophysectomized rats. *J. Comp. Physiol. Psychol.*, **72**: 45-50.

Pfaff, D. W. (1970b) Nature of sex hormone effects on rat sex behavior. *J. Comp. Physio Psychol.*, **73**: 349-358.

Pfaff, D. W. (1973) Luteinizing hormone releasing factor (LRF) potentiates lordosis behavior in hypophysectomized ovariectomized female rats. *Science*, **182**: 1148-1149.

Pfaff, D. W. (1980) *Estrogens and Brain Function. Neural Analysis of Hormone-Controlled Mammalian Reproductive Behavios.* Springer Verlag, New York.

Pfaff, D. W. and Schwarz-Giblins, S. (1988) Cellular mechanism of female reproductive behaviors. In: *Physiology of Reproduction*, (eds.) E. Knobil and J. Neill, et al., Raven Press, New York.

Pfaff, D. W. and Gregory, E. (1971) Correlation between pre-optic area unit activity and the cortical electroencephalogram: Difference between normal and castrated male rats. *Electroenceph. Clin. Neurophysiol.*, **31**: 223-230.

Pfaff, D. W. and Keiner, M. (1973) Atlas of estradiol-concentrating cells in the central nervous system of the female rat. *J. Comp. Neurol.*, **151**: 121-158.

Pfaff, D. W. and Lewis, C. (1974) Film analyses of lordosis in female rats. *Hormones and Behavior*, **1974**: 317-335.

Pfaff, D. W., Montgomery, M. and Lewis, C. (1977) Somatosensory determinants of lordosis in female rats: Behavioral definition of the estrogen effect. *J. Comp. Physiol. Psychol.*, **91**: 134-145.

Pfaff, D. W. and Sakuma, Y. (1979) Facilitation of the lordosis reflex of female rats from the ventromedial nucleus of the hypothalamus. *J. Physiol. (Lond.)*, **288**: 189-202.

Pfaff, D. W., Lewis, C., Diakow, C. and Keiner, M. (1972) Neurophysiological analysis of mating behavior responses as hormone-sensitivereflexes. In: *Progress in Physiological Psychology*, Vol. 5, (eds.) E. Stellar and J. M. Sprague Academic Press, New York.

Pfeifle, J. K., Shivers, M. and Edwards, D. A. (1980) Parasagittal hypothalamic knife cuts and sexual receptivity in the female rat. *Physiol. Behav.*, **24**: 145-150.

Phoenix, C. H. (1961) Hypothalamic regulation of sexual behavior in male guinea pigs. *J. Comp. Physiol. Psychol.*, **54**: 72-77.

Phoenix, C. H. (1974) Effects of dihydrotestosterone on sexual behavior of castrated male rhesus monkeys. *Physiol. Behav.*, **12**: 1045-1055.

Pollak, E. I. and Sachs, B. D. (1975) Masculine sexual behavior and morphology: Paradoxical effects of perinatal androgen treatmment in male and female rats. *Behav. Biol.*, **13**: 401-411.

Pollak, E. I. and Sachs, B. D. (1975) Excitatory and inhibitory effects of stimulation applied during the postejaculatory interval of the male rat. *Behav. Biol.*, **15**: 449-461.

Pomerantz, S. M., Fox, E. and Clemens, L. G. (1983) Gonadal hormone activation of male courtship ultrasonic vocalizations and male copulatory behavior in castrated male deer mice (*Peromyscus maniculatus bairdi*). *Behav. Neurosci.*, **97**: 462-469.

Pottier, J. J. G. and Baran, D. (1973) A general behavioral syndrome associated with persistent failure to mate in the male laboratory rat. *J. Comp. Physiol. Psychol.*, **83**: 499-509.

Powers, B. and Valenstein, E. S. (1972) Sexual receptivity: Facilitation by medial preoptic lesions in female rats. *Science*, **175**: 1003-1005.

Powers, J. B., Bergondy, M. L. and Matochik, J. A. (1985) Male hamster sociosexual behaviors: Effects of testosterone and its metabolites. *Physiol. Behav.*, **35**: 607-616.

Powers, J. B., Fields, R. B. and Winans, S. S. (1979) Olfactory and vomeronasal system participation in male hamsters' attraction to female vaginal secretions. *Physiol. Behav.*, **22**: 77-84.

Powers, J. B., Newman, S. W. and Bergondy, M. L. (1987) MPOA and BNST lesions in male Syrian hamsters: Differential effects on copulatory and chemoinvestigatory behaviors. *Behav. Brain Res.*, **23**: 181-195.

Purohit, R. C. and Beckett, S. D. (1976) Penile pressures and muscle activity associated with erection and ejaculation in the dog. *Am. J. Physiol.*, **231**: 1343-1348.

Raggenbass, M., Wuarin, J. P., Gahwiler, B. H. and Dreifuss, J. J. (1985) Opposing effects of oxytocin and a μ-receptor agonistic opioid peptide on the same class of non-pyramidal neurones in rat hippocampus. *Brain Res.*, **344**: 392-396.

Rainbow, T. C., DeGroff, V., Luine, V. N. and McEwen, B. S. (1980) Estradiol-17β increases the number of muscarinic receptors in hypothalamic nuclei. *Brain Res.*, **198**: 239-243.

Raisman, G. and Field, P. H. (1971) Sexual dimorphism in the preoptic area of the rat. *Science*, **173**: 731-733.

Raisman, G. and Field P. M. (1973) Sexual dimorphism in the neuropil of the preoptic area of the rat and its dependence neounatal androgen. *Brain Res.*, **54**: 1-29.

Raisman, G., Cowan, W. M. and Powell, T. P. S. (1966) An experimental analysis of the efferent projection of the hippocampus. *Brain*, **89**: 83-108.

Ranck, J. B. Jr. (1973) Studies on single neurons in dorsal hippocampal formation and septum in unrestrained rats. I. Behavioral correlates and firing repertoires. *Exp. Neurol.*, **41**: 461-531.

Rhodes, C. H., Morrell, J. I. and Pfaff, D. W. (1981) Immunohistochemical analysis of magnocellular elements in rat hypothalamus: Distribution and numbers of cells containing neurophysin, oxytocin, and vasopressin. *J. Comp. Neurol.*, **198**: 45-64.

Richmond, G. and Sachs, B. D. (1984) Maternal discrimination of pup sex in rats. *Dev. Psychobiol.*, **17**: 87-89.

Roberts, W. W., Steinberg, M. L. and Means, L. W. (1967) Hypothalamic mechanisms for sexual, aggressive, and other motivational behaviors in the opossum, Didelphis virginiana. *J. Comp. Physiol. Psychol.*, **64**: 1-15.

Robinson, B. W. and Mishkin, M. (1966) Ejaculation evoked by stimulation of the preoptic area in monkeys. *Physiol. Behav.*, **1**: 269-272.

Rodgers, C. H. and Alheid, G. (1972) Relationship of sexual behavior and castration to tumescence in the male rat. *Physiol. Behav.*, **9**: 581-584.

Rodriguez, M., Castro, R., Hernandez, G. and Mas, M. (1984) Different roles of catecholaminergic and serotoninergic neurons of the medial forebrain bundle on male rat sexual behavior. *Physiol. Behav.*, **33**: 5-11.

Roselli, C. E., Horton, L. E. and Resko, J. A. (1985) Distribution and regulation of aromatase activity in the rat hypothalamus and limbic system. *Endocrinology*, **117**: 2471-2477.

Rosén, I. and Scheid, P. (1973) Patterns of afferent input to the lateral reticular nucleus of the cat. *Exp. Brain Res.*, **18**: 242-255.

Rosenberg, P., Halaris, A. and Moltz, H. (1977) Effects of central norepinephrine depletion on the initiation and maintenance of maternal behavior in the rat. *Pharmacol. Biochem. Behav.*, **6**: 21-24.

Rosenblatt, J. S. (1967) Nonhormonal basis of maternal behavior in the rat. *Science*, **156**: 1512-1514.

Rosenblatt, J. S. and Lehrman, D. S. (1963) Maternal behavior of the laboratory rat. In: *Maternal Behavior in Mammals*, (ed.) H. L. Rheingold, Wiley, New York: pp. 8-57.

Rosenblatt, J. S. and Siegel, H. I. (1975) Hysterectomy-induced maternal behavior during pregnancy in the rat. *J. Comp. Physiol. Psychol.*, **89**: 685-700.

Rosenblatt, J. S., Siegel, H. I. and Mayer, A. D. (1979) Progress in the study of maternal behavior in the rat: Hormonal, nonhormonal, sensory, and developmental aspects. *Advances in the Study of Behavior*, **10**: 225-311.

Routtenberg, A. (1968) The two-arousal hypothesis: Reticular formation and limbic system. *Psychol. Rev.*, **75**: 51-80.

Rowland, N., Marques, D. M. and Fisher, A. E. (1980) Comparison of the effects of brain dopamine-depleting lesions upon oral behaviors elicited by tail pinch and electrical brain stimulation. *Physiol. Behav.*, **24**: 273-281.

Rowland, D., Steele, M. and Moltz, H. (1978) Serotonergic mediation of the suckling-induced release of prolactin in the lactating rat. *Neuroendocrinology*, **26**: 8-14.

Ryan, E. L. and Frankel, A. I. (1978) Studies on the role of the medial preoptic area in sexual behavior and hormonal response to sexual behavior in the mature male laboratory rat. *Biol. Reprod.*, **19**: 971-983.

Sachs, B. D. (1982) Role of striated penile muscles in penile reflexes, copulation, and induction of pregnancy in the rat. *J. Reprod. Fertil.*, **66**: 433-443.

Sachs, B. D. (1983) Potency and fertility: Hormonal and mechanical causes and effects of penile actions in rats. In: *Hormones and Behaviour in Higher Vertebrates*, (ed.) J. Balthazart, E. Pröve, and R. Gilles, Springer-Verlag, Berlin: pp. 86-110.

Sachs, B. D. (1988) The development of grooming and its expression in adult animals. *Ann. N. Y. Acad. Sci.*, **525**: 1-17.

Sachs, B. D. and Barfield, R. J. (1974) Copulatory behavior of male rats given intermittent electric shocks: Theoretical implications. *J. Comp. Physiol. Psychol.*, **86**: 607-615.

Sachs, B. B. and Barfield, R. J. (1976) Functional analysis of masculine copulatory behavior in the rat. *Adv. Study Behav.*, **7**: 91-154.

Sachs, B. D. and Garinello, L. D. (1978) Interaction between penile reflexes and copulation in male rats. *J. Comp. Physiol. Psychol.*, **92**: 759-767.

Sachs, B. D. and Meisel, R. L. (1988) The physiology of male sexual behavior. In: *The Physiology of Reproduction*, (eds). E. Knobil and J. Neill, et al., Raven Press, New York: pp. 1393-1485.

Sachs, B. D., Macaione, R. and Fegy, L. (1974) Pacing of copulatory behavior in the male rat: Effects of receptive females and intermittent shocks. *J. Comp. Physiol. Psychol.*, **87**: 326-331.

Sachs, B. D., Valcourt, R. J. and Flagg, H. C. (1981) Copulatory behavior and sexual reflexes of male rats treated with naloxone. *Pharmacol. Biochem. Behav.*, **14**: 251-253.

Saito, T. R. and Moltz, H. (1986) Copulatory behavior of sexually naive and sexually experienced male rats following removal of the vomeronasal organ. *Physiol. Behav.*, **37**: 507-510.

Sakuma, Y. and Pfaff, D. W. (1979a) Mesencephalic mechanisms for integration of female reproductive behavior inthe rat. *Am. J. Physiol.*, **237**: R 285-R 290.

Sakuma, Y. and Pfaff, D. W. (1979b) Facilitation of female reproductive behavior from mesencephalic central gray in the rat. *Am. J. Physiol.*, **237**: R 278-R 284.

Sakuma, Y. and Pfaff, D. W. (1980a) LH-RH in the mesencephalic central grey can potentiate lordosis reflex of female rats. *Nature*, **283**: 566-567.

Sakuma, Y. and Pfaff, D. W. (1980b) Covergent effects of lordosis-relevant somatosensory and hypothalamic influences on central gray cells in the rat mesencephalon. *Exp. Neurol.*, **70**: 269-281.

Sales, G. D. (1967) Ultrasound in adult rodents. *Nature*, **215**: 512.

Salis, P. J. and Dewsbury, D. A. (1971) *p*-Chlorophenylalanine facilitates copulatory behaviour in male rats. *Nature*, **232**: 400-401.

Samson, W. K., McDonald, J. K. and Lumpkin, M. D. (1985)Naloxone-induced dissociation of oxytocin and prolactin releases. *Neuroendocrinology*, **40**: 68-71.

Sanderson, K. J., Welker, W. and Shambes, G. M. (1984) Reevaluation of motor cortex and of sensorimotor overlap in cerebral cortex of albino rats. *Brain Res.*, **292**: 251-260.

Saper, C. B., Swanson, L. W. and Cowan, W. M. (1976) The efferent connections of the ventromedial nucleus of the hypothalamus of the rat. *J. Comp. Neurol.*, **169**: 409-442.

Sar, M. and Stumpf, W. E. (1973) Autoradiographic localization of radioactivity in the rat brain after the injection of 1,2-3H testosterone. *Endocrinology*, **92**: 251-256.

Sar, M. and Stumpf, W. E. (1977) Distribution of androgen target cells in rat forebrain and pituitary after [3H]-dihydrotestosterone administration. *J. Steroid Biochem.*, **8**: 1131-1135.

Satinoff, E. (1982) Are there similarities between thermoregulation and sexual behavior? In: *The Physiological Mechanisms of Motivation*, (ed.) D. W. Pfaff. Springer-Verlag, New York: pp. 217-251.

沢田 昭 (1982) 発達加速現象の研究. 現代青少年の発達加速現象, 前田嘉明編, 創元社, 東京.

Sawchenko, P. E. and Swanson, L. W. (1982) Immunohistochemical identification of neurons in the paraventricular nucleus of the hypothalamus that project to the medulla or to the spinal cord in the rat. *J. Comp. Neurol.*, **205**: 260-272.

Scalia, F. and Winans, S. S. (1975) The differential projections of the olfactory bulb and accessory olfactory bulb in mammals. *J. Comp. Neurol.*, **161**: 31-56.

Schwarcz, R., Hokfelt, T., Fuxe, K., Jonsson, G., Goldstein, M. and Terenius, L. (1979) Ibotenic acid-induced neuronal degeneration: A morphological and neurochemical study. *Exp. Brain Res.*, **37**: 199-216.

Schwartz, M. (1956) Instrumental and consummatory measures of sexual capacity in the male rat. *J. Comp. Physiol. Psychol.*, **49**: 328-333.

Scouten, C. W., Burrell, L., Palmer, T. and Cegavske, C. F. (1980)Lateral projections of the medial preoptic area are necessary for androgenic influence on urine marking and copulation in rats. *Physiol. Behav.*, **25**: 237-243.

関口茂久(1980)子育ての生物心理学,ブレーン出版.

Selmanoff, M. K., Brodkin, L. D., Weiner, R. I. and Siiteri, P. K. (1977)Aromatization and α-reduction of androgens in discrete hypothalamic and limbic regions of the male and female rat. *Endocrinology*, **101**: 841-848.

Shagass, C. and Schwartz, M. (1965) Age, personality, and somotosensory evoked response. *Science*, **148**: 1359-1361.

Sharma, O. P. and Hays, R. L. (1974) Increasing copulatory behaviour in ageing male rats with an electrical stimulus. *J. Reprod. Fertil.*, **39**: 111-113.

Sheffield, F. D., Wulff, J. J. and Backer, R. (1951) Reward value of copulation without sex drive reduction. *J. Comp. Physiol. Psychol.*, **44**: 3-8.

下河内稔,花田百造(1982)ラットの性行動と大脳辺縁系,現代の行動生物学3性行動のメカニズム, pp. 41-57.

志村 剛,下河内稔(1985)オス型交尾行動と内側視索前野.大阪大学人間科学部紀要, **11**: 143-172.

志村 剛,下河内稔(1987)腹側被蓋野ニューロン活動に対する内側視索前野電気刺激の効果.大阪大学人間科学部紀要, **13**: 197-226.

Shimura, T. and Shimokochi, M. (1989) Midbrain neuronal activity during female copulatory behavior in the rat. *Jpn. J. Physiol.*, Suppl. **39**: S151.

志村 剛,下河内稔(1989)養育行動と視床下部・脳幹系.大阪大学人間科学部紀要, **15**: 119-148.

Shimura, T. and Shimokochi, M. (1988) Characteristics of copulatory behavior induced by electrical stimulation of the lateral mesencephalic tegmentum in male rats. *Neurosci. Res.*, Suppl. **7**: S 30.

Shimura, T. and Shimokochi, M. (1990 a) Limbic neuronal activities during female-rewarded operant learning in the male rat. In: *Vision, Memory, and the Temporal Lobe*, (ed.)E. Iwai, Elsevier Science Publishing, New York: pp. 245-249.

Shimura, T. and Shimokochi, M. (1990 b) Involvement of the lateral mesencephalic tegmentum in copulatory behavior of male rats: Neuron activity in freely moving animals. *Neurosci. Res.*, **9**: 173-183.

Shimura, T. and Shimokochi, M. (1990 c) Neuronal activity in the medial preoptic area during female copulatory behavior by the rat. *Neurosciences*, **16**: 445-450.

Shimura, T., Horio, T. and Shimokochi, M. (1983) The effect of tail pinch upon neuronal activities in the medial preoptic area of rats. *J. Physiol. Soc. Jpn.,* **45**: 573.

Shimura, T., Horio, T. and Shimokochi, M. (1986) The neuronal activities in the limbic system during postpartum parental behavior of female rats. *J. Physiol. Soc. Jpn,* **48**: 278.

Shimura, T., Horio, T. and Shimokochi, M. (1987) Neuronal activity in the midbrain dorsolateral tegmentum during male copulatory behavior of rats. *J. Physiol. Soc. Jpn,* **49**: 443.

Shimura, T., Horio, T. and Shimokochi, M. (1987) Neuronal activity in the ventral tegmental area during the postpartum parental behavior of female rats. *Neurosci. Res.,* Suppl. **5**: S 37.

Siegel, H. I. and Rosenblatt, J. S. (1975) Hormonal basis of hysterectomy-induced maternal behavior during pregnancy in the rat. *Horm. Behav,* **6**: 211-222.

Signoret, J. P. (1970) Action d'implants de benzoate d'oestradiol dans l'hypothalamus sur le comportement d'oestrus de la brebis ovariectomiseé. *Ann. Biol. Anim. Biochim. Biophys.,* **10**: 549.

Simerly, R. B. and Swanson, L. W. (1986) The organization of neural inputs to the medial preoptic nucleus of the rat. *J. Comp. Neurol.,* **246**: 312-342.

Simerly, R. B., Gorski, R. A. and Swanson, L. W. (1986) Neurotransmitter specificity of cells and fibers in the medial preoptic nucleus: An immunohistochemical study in the rat. *J. Comp. Neurol.,* **246**: 343-363.

Simerly, R. B., Swanson, L. W. and Gorski, R. A. (1984a) The cells of origin of a sexually dimorphic serotonergic input to the medial preoptic nucleus of the rat. *Brain Res.,* **324**: 185-189.

Simerly, R. B., Swanson, L. W. and Gorski, R. A. (1984b) Demonstration of a sexual dimorphism in the distribution of serotonin-immunoreactive fibers in the medial preoptic nucleus of the rat. *J. Comp. Neurol.,* **225**: 151-166.

Simpkins, J. W., Kalra, P. S. and Kalra, S. P. (1980) Effects of testosterone on catecholamine turnover and LHRH contents in the basal hypothalamus and preoptic area. *Neuroendocrinology,* **30**: 94-100.

Simpkins, J. W., Kalra, P. S. and Kalra, S. P. (1980) Inhibitory effects of androgens on preoptic area dopaminergic neurons in castrated rats. *Neuroendocrinology,* **31**: 177-181.

Simpkins, J. W., Kalra, S. P. and Kalra, P. S. (1983) Variable effects of testosterone on dopamine activity in several microdissected regions in the preoptic area and medial basal hypothalamus. *Endocrinology,* **112**: 665-669.

Singer, J. J. (1968) Hyopthalamic control of male and female sexual behavior in female rats. *J. Comp. Physiol. Psychol.,* **66**: 738-742.

Sirinathsinghji, D. J. S. (1984) Modulation of lordosis behavior of female rats by naloxone, β-endorphin and its antiserum in the mesencephalic central gray: Possible mediation via GnRH. *Neuroendocrinology*, **39**: 222-230.

Sirinathsinghji, D. J. S., Audsley, A. and Whittington, P. E. (1981) Naloxone administration in the mesencephalic central gray can potentiate lordosis reflex of female rats. Br. Soc. Endocrinol., Abstract No. 46. London.

Sirinathsinghji, D. J. S., Whittington, P. E., Audsley, A. R. and Fraser, H. M. (1983) β-Endorphin regulates lordosis in female rats by modulating LH-RH release. *Nature*, **301**: 62-64.

Slimp, J. C., Hart, B. L. and Goy, R. W. (1978) Heterosexual, autosexual and social behavior of adult male rhesus monkeys with medial preoptic-anterior hypothalamic lesions. *Brain Res.*, **142**: 105-122.

Slotnick, B. M. (1967) Disturbances of maternale beh avior in the rat following lesions of the cingulate cortex. *Behaviour*, **29**: 204-236.

Slotnick, B. M. (1969) Maternal behavior deficits following forebrain lesions in the rat. *Am. Zool.*, **9**: 1068.

Smith, E. R., Damassa, D. A. and Davidson, J. M. (1977) Plasma testosterone and sexual behavior following intracerebral implantation of testosterone propionate in the castrated male rat. *Horm. Behav.*, **8**: 77-87.

Smith, M. O. and Holland, R. C. (1975) Effects of lesions of the nucleus accumbens on lactation and postpartum behavior. *Physiol. Psychol.*, **3**: 331-336.

Sodersten, P. and Gustafsson, J.-A. (1980) A way in which estradiol might play a role in the sexual behavior of male rats. *Horm. Behav.*, **14**: 271-274.

Sodersten, P., Berge, O. G. and Hole, K. (1978) Effects of *p*-chloroamphetamine and 5,7-dihydroxytryptamine on the sexual behavior of gonadectomized male and female rats. *Pharmacol. Biochem. Behav.*, **9**: 499-508.

Sodersten, P., Eneroth, P., Mode, A. and Gustafsson, J.-A. (1985) Mechanisms of androgen-activated sexual behaviour in rats. In: *Neurobiology*, (eds.) R. Gilles and J. Balthazart, Springer-Verlag, Berlin: pp. 48-59.

Sodersten, P., Larsson, K., Ahlenius, S. and Engel, J. (1976) Sexual behavior in castrated male rats treated with monoamine synthesis inhibitors and testosterone. *Pharmacol. Biochem. Behav.*, **5**: 319-327.

Sodersten, P., Hansen, S., Eneroth, P., Wilson, C. A. and Gustafsson, J.-A. (1980) Testosterone in the control of rat sexual behavior. *J. Steroid Biochemistry*, **12**: 337-346.

Sofroniew, M. V. (1983) Morphology of vasopressin and oxytocin neurons and their central and vascular projections. In: *The Neurohypophysis: Structure, Function and Control (Progress in Brain Research*, Vol. 60), (ed.) B. A. Cross and G. Leng, Elsevier, Amsterdam: pp. 101-114.

Sofroniew, M. V. (1985) Vasopressin- and neurophysin-immunoreactive neurons in the septal region, medial amygdala and locus coeruleus in colchicine-treated rats. *Neuroscience*, **15**: 347-358.

Soulairac, A. and Soulairac, M.-L. (1956) Effets des lesions hypothalamiques sur le comportement sexuel et le tractus genital du rat male. *Ann. Endocrinol. (Paris)* **17**: 731-745.

Steele, M. K., Rowland, D. and Moltz, H. (1979) Initiation of maternal behavior in the rat: Possible involvement of limbic norepinephrine. *Pharmacol. Biochem. Behav.*, **11**: 123-130.

Stefanick, M. L. (1983) The circadian patterns of spontaneous seminal emission, sexual activity and penile reflexes in the rat. *Physiol. Behav.*, **31**: 737-743.

Steinbusch, H. W. M. (1981) Distribution of serotonin-immunoreactivity in the central nervous system of the rat—Cell bodies and terminals. *Neuroscience*, **6**: 557-618.

Stephan, F. K., Valenstein, E. S. and Zucker, I. (1971) Copulation and eating during electrical stimulation of the rat hypothalamus. *Phsyiol. Behav.*, **7**: 587-593.

Stern, J. J. (1970) Responses of male rats to sex odors. *Physiol. Behav.*, **5**: 519-524.

鈴木健二 (1980) 昆虫の配偶行動. 代謝, **17**: 145-150.

Svare, B., Bartke, A., Doherty, P., Mason, I., Michael, S. D. and Smith, M. S. (1979) Hyperprolactinemia suppresses copulatory behavior in male rats and mice. *Biol. Reprod.*, **21**: 529-535.

Summerlee, A. J. S. and Lincoln, D. W. (1981) Electrophysiological recordings from oxytocinergic neurones during suckling in the unanaesthetized lactating rat. *J. Endocr.*, **90**: 255-265.

Summerlee, A. J. S., Lincoln, D. W. and Webb, A. C. (1979) Long-term electrical recordings from single neurosecretory cells in the conscious lactating rat. *J. Endocr.*, **83**: 41P-42P.

Swaab, D. F. (1985) A sexually dimorphic nucleus in the human brain. *Science*, **228**: 1112-1115.

Swaad, D. F. and Hofman, M. A. (1990) An enlarged suprachiasmatic nucleus in homosexual men. *Brain Res.*, **537**: 141-148.

Swanson, L. W. (1976) An autoradiographic study of the efferent connections of the preoptic region in the rat. *J. Comp. Neurol.*, **167**: 227-256.

Swanson, L. W. (1977) Immunohistochemical evidence for a neurophysin-containing autonomic pathway arising in the paraventricular nucleus of the hypothalamus. *Brain Res.*, **128**: 346-353.

Swanson, L. W. (1982) The projections of the ventral tegmental area and adjacent regions: A combined fluorescent retrograde tracer and immunofluorescence study

in the rat. *Brain Res. Bull.*, **9**: 321-353.
Swanson, L. W. and Sawchenko, P. E. (1983)Hypothalamic integration: Organization of the paraventricular and supraoptic nuclei. *Ann. Rev. Neurosci.*, **6**: 269-324.
Szechtman, H., Caggiula, A. R. and Wulkan, D. (1978) Preoptic knife cuts and sexual behavior in male rats. *Brain Res.*, **150**: 569-591.
Szechtman, H., Siegel, H. I., Rosenblatt, J. S. and Komisaruk, B. R. (1977)Tail-pinch facilitates onset of maternal behavior in rats. *Physiol. Behav.*, **19**: 807-809.
Tagliamonte, A., Fratta, W., Del Fiacco, M. and Gessa, G. L. (1974) Possible stimulatory role of brain dopamine in copulatory behavior of male rats. *Pharmacol. Biochem. Behav.*, **2**: 257-260.
Tagliamonte, A., Tagliamonte, P., Gessa, G. L. and Brodie, B. B. (1969) Compulsive sexual activity induced by *p*-chlorophenylalanine in normal and pinealectomized rats. *Science*, **166**: 1433-1435.
Tanner, J. M (1977) Human growth and constitution. In: *Human Bioligy*, (eds.) G. A. Harrison et al., Oxford University Press.
Terkel, J., Bridges, R. S. and Sawyer, C. H. (1979) Effects of transecting lateral neural connections of the medial preoptic area on maternal behavior in the rat: Nest building, pup retrieval and prolactin secretion. *Brain Res.*, **169**: 269-280.
Terlecki, L. J. and Sainsbury, R. S. (1978) Effects of fimbria lesions on maternal behavior in the rat. *Physiol. Behav.*, **21**: 89-97.
Thomas, D. A. and Barfield, R. J. (1985) Ultrasonic vocalization of the female rat (*Rattus norvegicus*) during mating. *Anim. Behav.*, **33**: 720-725.
Thor, D. H. and Flannelly, K. J. (1977) Social-olfactory experience and initiation of copulation in the virgin male rat. *Physiol. Behav.*, **19**: 411-417.
東條伸平, 西村隆一郎 (1981) 女性の生殖能力. 現代の性 (熊本悦明編), からだの科学, 臨時増刊, 127-132.
Twiggs, D. G., Popolow, H. B. and Gerall, A. A. (1978) Medial preoptic lesions and male sexual behavior: Age and environmental interactions. *Science*, **200**: 1414-1415.
Ungerstedt, U. (1971) Stereotaxic mapping of the manoamine pathways in the rat brain. *Acta Physiol. Scand.*, **82**, Suppl. 367: 1-48.
Valverde, F. (1962) Reticular formation of the albino rat's brain stem cytoarchitecture and corticofugal connections. *J. Comp. Neurol*, **119**: 25-53.
Valcourt, R. J. and Sachs, B. D. (1979) Penile reflexes and copulatory behavior in male rats following lesions in the bed nucleus of the stria terminalis. *Brain Res. Bull.*, **4**: 131-133.
van De Kar, L. D. and Lorens, S. A. (1979) Differential serotonergic innervation of individual hypothalamic nucleic and other forebrain regions by the dorsal and median midbrain raphe nuclei. *Brain Res.*, **162**: 45-54.

van de Poll, N. E. and van Dis, H. (1979) The effect of medial preoptic-anterior hypothalamic lesions on bisexual behavior of the male rat. *Brain Res. Bull.*, **4**: 505-511.

Vanderwolf, C. H. (1969) Hippocampel electrical activity and voluntary movement in the rat. *Electroenceph. Clin. Neurophysiol.*, **26**: 407-418.

van Dis, H. and Larsson, K. (1970) Seminal discharge following intracranial electrical stimulation. *Brain Res.*, **23**: 381-386.

van Dis, H. and Larsson, K. (1971) Induction of sexual arousal in the castrated male rat by intracranial stimulation. *Physial. Behav.*, **6**: 85-86.

Vaughan, E. and Fisher, A. E. (1962) Male sexual behavior induced by intracranial electrical stimulation. *Science*, **137**: 758-760.

Vito, C. C., DeBold, J. F. and Fox, T. O. (1983) Androgen and estrogen receptors in adult hamster brain. *Brain Res.*, **264**: 132-137.

和田 勝 (1980) 鳥類の生殖行動とホルモン. 代謝, **17**: 159-165.

Walker, L. C., Gerall, A. A. and Kostrzewa, R. M. (1981) Rostral midbrain lesions and copulatory behavior in male rats. *Physiol. Behav.*, **26**: 349-353.

Wallach, S. J. R. and Hart, B. L. (1983) The role of the striated penile muscles of the male rat in seminal plug dislodgement and deposition. *Physiol. Behav.*, **31**: 815-821.

Wang, L. and Hull, E. M. (1980) Tail pinch induces sexual behavior in olfactory bulbectomized male rats. *Physiol. Behav.*, **24**: 211-215.

Wang, R. Y. (1981) Dopaminergic neurons in the rat ventral tegmental area. I. Identification and characterization. *Brain Res. Rev.*, **3**: 123-140.

Ward, I. L., Crowley, W. R., Zemlan, F. P. and Margules, D. L. (1975) Monoaminergic mediation of female sexual behavior. *J. Comp. Physiol. Psychol.*, **88**: 53-61.

Wardlaw, S. L., Thoron, L. and Frantz, A. G. (1982) Effects of sex steroids on brain β-endorphin. *Brain Res.*, **245**: 327-331.

Warner, L. H. (1927) A study of sex behavior in the white rat by means of the obstruction method. *Comp. Psychol. Monogr.*, **4**: 1-68.

Weber, R. F. A., Ooms, M. P. and Vreeburg, J. T. M. (1982) Effects of a prolactin-secreting tumour on copulatory behavior in male rats. *J. Endocrinol.*, **93**: 223-229.

Whalen, R. E. (1961) Effects of mounting without intromission and intromission without ejaculation on sexual behavior and maze learning. *J. Comp. Physiol. Psychol.*, **54**: 409-415.

Whalen, R. E. and Luttge, W. G. (1970) *p*-Chlorophenylalaniemethyl ester: An aphrodisiac? *Science*, **169**: 1000-1001.

Whalen, R. E. and Luttge, W. G. (1971) Testosterone, androstenedione and dihydrotestosterone: Effects on mating behavior of male rats. *Horm. Behav.*, **2**: 117-125.

Whalen, R. E. and Olsen, K. L. (1978) Chromatin binding of estradiol in the hypothalamus and cortex of male and female rats. *Brain Res.*, **152**: 121-131.

Whatson, T. S. and Smart, J. L. (1978)Social behaviour of rats following pre-and early postnatal undernutrition. *Physiol. Behav.*, **20**: 749-753.

Wheeler, J. M. and Crews, D. (1978) The role of the anterior hypothalamus-preoptic area in the regulation of male reproductive behavior in the lizard, *Anolis carolinensis*: Lesion studies. *Horm. Behav.*, **11**: 42-60.

Whishaw, I. Q. and Kolb, B. (1983) Can male decorticate rats copulate? *Behav. Neurosci.*, **97**: 270-279.

Whishaw, I. Q. and Kolb, B. (1985) The mating movements of male decorticate rats: Evidence for subcortically generated movements by the male but regulation of approaches by the female. *Behav. Brain Res.*, **17**: 171-191.

Wiesner, J. B. and Moss, R. L. (1984) Beta-endorphin suppression of lordosis behavior in female rats: Lack of effect of peripherally-administered naloxone. *Life Sci.*, **34**: 1455-1462.

Wiesenfeld-Hallin, Z. and Sodersten, P. (1984) Spinal opiates affect sexual behaviour in rats. *Nature*, **309**: 257-258.

Williams, R. G. and Dockray, G. J. (1983) Distribution of enkephalin-related peptides in rat brain: Immunohistochemical studies using antisera to met-enkephalin and met-enkephalin arg^{6}phe^7. *Neuroscience*, **9**: 563-586.

Wilkinson, M., Brawer, J. R. and Wilkinson, D. A. (1985) Gonadal steroid-induced modification of opiate binding sites in anterior hypothalamus of female rats. *Biol. Reprod.*, **32**: 501-506.

Yahr, P. (1979) Data and hypotheses in tales of dihydrotesterone. *Horm. Behav.*, **13**: 92-96.

Yahr, P., Commins, D., Jackson, J. C. and Newman, A. (1982) Independent control of sexual and scent marking behaviors of male gerbils by cells in or near the medial preoptic area. *Horm. Behav.*, **16**: 304-322.

Yamamoto, T., Matsuo, R., Kiyomitsu, Y. and Kitamura, R. (1988) Sensory input from the oral region to the cerebral cortex in behaving rats: An analysis of unit responses in cortical somatosensory and taste areas during ingestive behavior. *J. Neurophysiol.*, **60**: 1303-1321.

Yamanouchi, K. and Arai, Y. (1979) Effect of hypothalamic deafferentiation on hormonal facilitation of lordosis in ovariectomized rats. *Endocrinology*, **26**: 307-312.

Yamanouchi, K. and Arai, Y. (1980) Inhibitory and facilitatory neural mechanisms involved in the regulation of lordosis behavior in female rats: Effects of dual cuts in the preoptic area and hypothalamus. *Physicl. Behav.*, **25**: 721-725.

Yokoyama, A., Halász, B. and Sawyer, C. H. (1967) Effect of hypothalamic deafferentation on lactation in rats. *Proc. Soc. Exp. Biol. Med.*, **125**: 623-626.

Young, W. C. (1961) The hormones and mating behavior. In: *Sex and Internal Secretions*, Vol. 2 (3rd ed.), (ed.) W. C. Young, Williams & Wilkin, Balitimores.

Zasorin, N., Malsbury, C. and Pfaff, D. W. (1977) Suppression of lordosis in the hormone-primed female hamster by electrical stimulation of the septal area. *Physiol. Behav.*, **14**: 595-599.

Zemlan, F. P., Leonard, C. M., Kow, L.-M. and Pfaff, D. W. (1978) Ascending tracts of the lateral columns of the rat spinal cord: A study using the silver impregnation and horseradish peroxidase techniques. *Exp. Neurol.*, **62**: 298-334.

Zemlan, F. P., Ward, I. L., Crowley, W. R. and Margules, D. L. (1973) Activation of lordotic responding in female rats by suppression of serotonergic activity. *Science*, **179**: 1010-1011.

参 考 図 書

ホルモンと生殖 I ―性と生殖リズム―．日本比較内分泌学会編，学会出版センター(1978)
行動 I．代謝，第17巻5月臨時増刊号，中山書店（1980）
神経生化学 下．蛋白質 核酸 酵素，臨時増刊，29巻14号（1984）
性の源をさぐる―ゾウリムシの世界―．樋渡宏一著，岩波新書345，岩波書店（1986）
シンプル生理学．貴邑富久子・根来英雄著，南江堂（1990）
男と女―性の進化史―．W. ヴィックラー，U. ザイプト著，福井康雄・中島康裕訳，産業図書（1988）
The Physiology of Reproduction. E. Knobil and J. Neill, et al. (eds.), Ravan Press, New York (1988)
性行動．代謝，第21巻第2号，中山書店（1984）
Handbook of Behavioral Neurobiology 7 Reproduction. N. Adler, D. Pfaff and R. W. Goy (eds.), Plenum Press, New York and London (1985)
エストロジェンと脳機能―生殖行動の神経回路―．D. W. パフ著，佐久間康夫訳，西村書店（1984）
現代の性．熊本悦明編，からだの科学，臨時増刊，日本評論社（1981）

索　引

α波　35
β波　36
bowing　38
chasing　38
CRF　70
crouching posture　125
darting　40,111
Fmθ　36
GABA　74
genital grooming　42
hoarding　146
hopping　40
HRP 標識ニューロン　143
H-Y 抗原　8
LH 放出ホルモン産生ニューロン　53
LH-RH　68
licking　125
nest soliciting　38
palpating　41
preening　38
retrieving　125,158
second messenger　48
SRY 遺伝子　9
strutting　38
θ波　35
X 染色体　5
XX/XY 型　7
Y 染色体　5
ZW/ZZ 型　7

ア　行

アセチルコリン　66
アトロピン　153,158
アポモルフィン　73
γ-アミノ酪酸　68
アンドロステネジオン　62
アンドロゲン　15,48,57
アンフェタミン　67

異型染色体　5
異性愛者　33
遺伝子　4,5
遺伝による性　5
陰茎棘　65
陰茎反射　63
陰茎反応　85
陰部神経　81

ウォルフ管　9

エストラジオール　27,48
エストリオール　48
エストロゲン　15,31,48,52, 56,128,134
エストロン　48
エンケファリン系　156
延髄網様体　88
延髄網様体巨大細胞核　92
β-エンドルフィン　70,76
β-エンドルフィン系　156

黄体期　52
黄体形成ホルモン　47
黄体刺激ホルモン　19
オキシトシン　70,154
オクソトレモリン　67
雄決定物質　8

カ　行

外陰の分化　14
外側最背長筋　83
外側前庭核　88
外側前庭脊髄路　90,97

外側視索前野　143
外側被蓋　106
外側網様核　88
外側網様体脊髄路　90,97
海馬　114,129
海馬采　129
海馬台　130
下垂体ゴナドトロピン　61
下垂体性腺刺激ホルモン　15
下垂体前葉ホルモン　49
下垂体門脈系　49
カニバリズム　126
カルバコール　66
感覚剝奪　81
間質核　33

寄生者　3
偽常染色体領域　9
基底外側部　110
求愛行動　38
球海綿体筋　86
嗅球　95,97,112
嗅結節　155
弓状核　28,29
棘シナプス　29
去勢　61,73

クラインフェルター症候群　10

月経　52
月経周期　17,52
原始卵胞　13
原始胚細胞　11
原線条体　28

交尾経験　121
抗ミュラー管ホルモン　9
肛門挙筋　86

黒質　139
骨盤神経　86
コレステロール　47
コロニジン　72

サ　行

細胞体シナプス　29
坐骨海綿体筋　86
サージ　53
サブスタンスP　70
ジェンダー　2
視覚誘発電位　36
磁気共鳴画像　32
軸索　30
刺激随伴性交尾　102
視交叉上核　29,34,54
視索前野　89,98
視床下部　27,89,93
視床下部下垂体路　155
視床下部内側核　26
視床下部背内側核　119
視床下部腹内側核　28,93
事象関連電位　36
視索上核　155
室旁核　142,155
シナプス形成　30
自発排卵　53
5,3-ジヒドロキシトリプタミン　68,74,153
ジヒドロテストステロン　49,57,63
射精　41
射精後挿入潜時　45,76,105
射精後不応期　42
射精後マウント潜時　45
射精潜時　45,72,75,105,110
射乳　124,141
射乳反射　141
雌雄同体　1,2
絨毛性性腺刺激ホルモン　15
主嗅覚系　81
宿主　3
樹状突起　30
上行性ノルアドレナリン系　152

常染色体　5
初期経験　39,120
初潮年齢　18
髄索　12
スコポラミン　67
ステロイドホルモン　48,55
スラスト　41,87
性　1
　——と加齢　21
　——の進化　3
　——の発達　15
性管の分化　13
性行為指向性　33
性行動誘発刺激　79
性差　2
性細管　12
生殖結節　14
生殖細胞　2
生殖リズム　51
生殖隆起　11
性周期　51
性ステロイド受容体　29
性腺原基　11
性染色体　5
性腺の分化　11
精巣の形成　12
精祖細胞　12
性的二型　23
性的二型核　33
性的飽和　42,110
性フェロモン　37
性分化　7,25,26,58
精母細胞　5
性役割　2
性欲　22
接合　4
絶対不応期　42
セロトニン　67,73
染色体　5
染色粒　5
前側索　88
前頭皮質　116
造巣の障害　144
相対的不応期　42

挿入　41
挿入間間隔　45,105
挿入潜時　44,76
挿入頻度　45,105
早発性思春期　17

タ　行

帯状回　129
体性感覚　79,83
第一次性索　11
第一次性徴　8
第二次性索　12
第二次性徴　8,16
大脳皮質　115,128
ダイノルフィン-ネオエンドルフィン系　157
ターナー症候群　10
知覚誘発電位　36
中隔　95
中隔破壊　131
中腎　12
中腎管　11
中腎細管　12
中心灰白質　91,110
中脳外側被蓋　117,141
中脳中心灰白質　26,88
中脳腹側被蓋野　110
中脳辺縁・皮質ドーパミン系　153
超音波発声　41,82
追尾　102
通常脳波の性差　35
連れ戻し行動　126,150
テストステロン　15,49,58,64
テトラベナジン　71
テールピンチ　113,139,153
同型染色体　5
同性愛者　33
突然変異　3
ドーパミン　72
ドーパミン系　152
ドーパミン-β-水酸化酵素阻害

索引

剤 67

ナ 行

内側視索前野 28,33,66,74,
　99,102,117,118,131,137,
　145,152
── の破壊 134,137
内側前脳束 104,117,138
内側皮質視床下部路 130
ナイフカット 137,144,154
ナロクソン 76

乳汁分泌 106

脳弓 130
脳波 35
ノルアドレナリン 67,71

ハ 行

配偶行動 37
胚細胞 11
背側外側視床下部破壊 154
背側海馬 129
背側脳弓 130
排卵 53
発声器官 28
発達加速現象 18
パラクロロフェニルアラニン 68
ハロペリドール 73,153
反射排卵 53

皮質内側部 110
ピクロトキシン 74
6-ヒドロキシドーパミン 68
ピモジド 67
標的器官 49

α-フェト蛋白質 59
フェノキシベンザミン 67
副嗅覚系 81
副腎皮質刺激ホルモン放出因子 158
副性器 17
腹側高線条体 28
腹側被蓋野 140,143,148,156
腹側被蓋野破壊 154
腹側被蓋野両側破壊 140
腹内側視床下部 27
ブラゾシン 72
フリップ 85
フリーマーチン 26
プレグネノロン 47
フロイト 2
プロゲステロン 47,52,60
プロラクチン 50,69,75,153
分界条 111,130,137
分界条床核 111
分界条破壊 130

ヘミコリニウム 67
扁桃体 28,,29,77,110,111,
　117,130

芳香族化 58
芳香族化酵素 48
縫線核 153
ホルモン 47
ホルモン受容体 56
勃起 85

マ 行

マウント行動 23
マウント潜時 44,72
マウント頻度 45,111

ミュラー管 9

ミュラー管抑制物質 8
ムスカリン性コリン受容体 67
無名質 143
鳴鳥 27
雌決定物質 8
N-メチル-D,L-アスパラギン酸 136

網様体脊髄路 91
モルヒネ 76,816

ヤ 行

誘発電位の性差 36
輸卵管 8

養育行動 124
── の障害 128
養子 139
腰部深部総背筋 83
ヨヒンビン 71

ラ 行

ライディヒ細胞 12,50
卵黄嚢 11
卵巣の形成 12
卵胞期 52
卵胞刺激ホルモン 16,48

リッキング 120
硫酸アトロピン 67
臨界期 25

レセルピン 71

ロードーシス 23,41,70,79,
　88,90
ロードーシス商 43

脳　と　性（普及版）

1992年10月 1 日　初　版第1刷
2010年 7 月10日　普及版第1刷

定価はカバーに表示

著　者　下河内　　稔
　　　　しも　こう　ち　　みのる

発行者　朝　倉　邦　造

発行所　株式会社　朝　倉　書　店
　　　　東京都新宿区新小川町6-29
　　　　郵便番号　162-8707
　　　　電　話　03(3260)0141
　　　　FAX　03(3260)0180
　　　　http://www.asakura.co.jp

〈検印省略〉

© 1992〈無断複写・転載を禁ず〉　新日本印刷・渡辺製本

ISBN 978-4-254-10244-4　C 3040　Printed in Japan